U0182293

物联网监测系统的可靠性分析及优化

童英华 著

清 华 大 学 出 版 社

北京交通大学出版社

·北京·

内 容 简 介

随着物联网技术的发展和应用的普及，由此带来的物联网系统的可靠性问题变得更为突出。因此如何保证物联网系统的可靠性成为当下研究的热点。本书的研究工作主要围绕物联网监测系统的可靠性分析和优化问题进行，以基于物联网的雾霾重点污染源监测系统为背景，构建物联网系统的可靠性保障机制及其优化策略，并对物联网系统的可靠性进行评估。本书在概述研究背景、意义和动机的基础上，对当前物联网的最新发展现状及物联网可靠性研究现状进行了较深入的分析，并就物联网监测系统的可靠性及优化进行了 6 个方面的探索研究，取得了一定的成果。本书不仅可以作为计算机和物联网等相关专业高年级本科生或研究生的教材，也适合所有希望了解物联网的工程技术人员阅读。

图书在版编目（CIP）数据

物联网监测系统的可靠性分析及优化/童英华著 . —北京：北京交通大学出版社：清华大学出版社，2024.1
　　ISBN 978-7-5121-5160-4

Ⅰ.① 物…　Ⅱ.① 童…　Ⅲ.① 物联网–监测系统–研究　Ⅳ.① TP393.4
② TP18

中国国家版本馆 CIP 数据核字（2024）第 003431 号

物联网监测系统的可靠性分析及优化
WULIANWANG JIANCE XITONG DE KEKAOXING FENXI JI YOUHUA

责任编辑：谭文芳

出版发行：清 华 大 学 出 版 社　邮编：100084　电话：010-62776969　http://www.tup.com.cn
　　　　　北京交通大学出版社　邮编：100044　电话：010-51686414　http://www.bjtup.com.cn
印　刷　者：北京虎彩文化传播有限公司
经　　　销：全国新华书店
开　　　本：170 mm×235 mm　印张：9　字数：176 千字
版 印 次：2024 年 1 月第 1 版　2024 年 1 月第 1 次印刷
定　　　价：49.00 元

本书如有质量问题，请向北京交通大学出版社质监组反映。
投诉电话：010-51686043，51686008；E-mail：press@bjtus.edu.cn。

目　　录

第1章 绪 论

1.1 研究背景

自 1999 年物联网（internet of things，IoT）的概念被提出以来，物联网在全球范围内获得了广泛的关注和认可，已成为各国构建社会经济发展的新模式和重塑国家长期竞争力的先导领域。物联网的应用领域非常广泛，遍及各行各业，从智能电网、智能交通、智能物流、智慧农业、车联网，再到应用于家庭的智能家居，以及与身体健康相关的智慧医疗、智能环保的物联网雾霾监测系统等，都是物联网应用的具体体现。随着应用领域和应用范围不断的拓展，物联网已经逐步融入到人们日常的生产和生活中[1-8]。

尽管物联网技术的发展，创造了新型应用的潜力，但仍然面临如寻址、路由和设备资源在能耗、处理和存储方面能力有限，或者异构设备的安全性和隐私，以及标准化等许多未解决的问题。为使物联网系统发挥最大的潜力，还需要解决的问题之一就是可靠性[9]。因为故障会导致系统失效，从而带来经济损失、环境破坏或使人们陷于危险之中。物联网系统本身是一个复杂的系统，物联网系统的可靠性，相比较于传统的系统可靠性更复杂，这就更加迫切要求解决物联网系统的可靠性问题。此外，物联网系统中的各种感知设备，本身由电池供电，能耗有限，会导致感知节点故障；大多数物联网监测的应用系统分布在开放的物理环境中，会遭到环境或人为因素干扰和破坏，也会导致感知节点故障，系统中断。部署在真实环境中的物联网系统由多个异构的电子设备组成，电子设备中的任何电子元件或焊点发生故障，都将导致系统失效。结合特定的应用场景，采取必要的可靠性、容错方面的机制和策略，保障物联网系统的可靠性是非常必要的。物联网系统可靠性已成为人们关注的焦点[10-12]。因此，如何保证物联网系统的可靠性，成为当下研究的热点。

1.1.1 物联网产业发展进入新阶段

当前，在世界经济复苏曲折，以及大数据、云计算、5G 等技术快速发展的背景下，全球物联网产业也迎来了新一轮发展的历史机遇。中国通信信息研究院《物联网白皮书2016》中指出，随着不同类型的物联网应用在各行各业的普及和逐步成熟，物联网的发展开启了万物互联的新时代。从智能家居、便携式可穿戴设备、自动驾驶汽车，到智能机器人，数以百亿计的物品现已接入网络。中国信息通信研究院2020物联网白皮书中指出，根据GSMA发布的《The mobile economy 2020（2020年移动经济）》报告显示，2019年全球物联网总连接数达到120亿，预计到2025年，全球物联网总连接数规模将达到246亿，年复合增长率高达13%。2019年全球物联网的收入为3 430亿美元（约人民币2.4万亿元），预计到2025年将增长到1.1万亿美元（约人民币7.7万亿元），年复合增长率高达21.4%。

另外，工业、制造业等传统产业的智能化升级，已成为推动物联网进一步创新发展的重要契机。随着全球范围内经济下行压力的增加，以及新技术的不断涌现，各主要国家先后制定了一系列的工业发展战略，如美国推出的"先进制造业伙伴"计划、德国提出的"工业4.0"计划，中国实施的"中国制造2025"计划等，这些都为物联网技术作为工业、制造业进一步转型和升级奠定了基础，同时，工业、制造业的升级，加速了物联网行业的突破创新。随着物联网应用在规模化消费市场——如车联网、智慧城市、智能家居、智能硬件等行业的兴起，进一步加速了物联网的推广应用。

从全球范围来看，各国政府都抢抓发展先机，塑造全球物联网竞争中的优势。美国物联网支出大幅增加，已经从2016年的2 320亿美元增加到2019年的3 570亿美元，年复合增长率为16.1%，重点聚焦在以工业互联网为基础的先进制造业和交通行业，希望借助先进的网络技术重塑其在制造业的领先优势。同时，美国于2016年6月成立了"智能制造创新中心"，专注于智能传感器的研发、部署和应用，以及与系统相关的控制和数据分析。欧盟尝试通过"由外及内"的方式构造和改善外部生态环境，从而为开环物联网创建新的战略。同时，通过"地平线2020"研发计划，在物联网领域投入近2亿欧元，重点推动物联网创新集成平台在智慧城市、车联网、智能农业和食品安全、智能养老、智能可穿戴设备等五大领域展开大规模应用示范。日本、俄罗斯和韩国等也在持续加大物联网领域的推进力度，日本物联网产业规模将从2016年的62 000亿日元，到2021年的实际估计为58 948亿日元（约474亿美元），从2021年到2026年将以9.1%的年复合增长率增长，预计2026年将达到91 181亿日元（约733亿美元）；韩国未来将准备投入超过2万亿韩元，用于推进智慧城市、人工智能、虚拟现实等九大创新项目的实施，以及物联网专用网络的建设；俄罗斯则首次对外宣称启动物联网和应用部署的研究，并制订了物联网技术发展"路线图"草案，进一步确定了试验项目。我国物联网产业发展在中央和各地各部门的共同努力下，取得了显著成效。我国物联网连接数全球占比高达 30%，2019 年我国的物联网连接数 36.3 亿，到 2025 年，预计我国物联网连接数将达到 80.1 亿，年复合增长率为 14.1%。截至 2020 年，我国物联网产业规模突破 1.7 万亿元，十三五期间物联网总体产业规模保持 20% 的年增长率。根据麦肯锡全球研究所统计数据表示，到 2025 年物联网产业对全球经济的影响，将在每年 2.7 万亿美元到 6.2 万亿美元之间[13-15]。

1.1.2 物联网系统面临的可靠性问题

随着物联网和传感器网络技术的飞速发展，已初步形成了自主的物联网标准体系和研究框架，在智能电网、智能环保、智能工业、智能物流、智能家居、智能农业、城市智能交通、城市公共安全和智能医护等领域启动了较大规模物联网应用的示范项目，其应用领域也在不断的拓展。由此带来的非功能性需求，如可靠性、安全性等也日益受到人们的关注。

在物联网系统中，感知层通过部署无线传感器网络来采集数据，无线传感器网络中传感器节点面临电池失效、硬件故障和软件故障等问题：

（1）传感器节点的电池失效

目前市场上大多数的工业和商业传感器节点都是由电池供电的。随着电池制造方面的进步，已经为传感器节点提供了能在一定条件下使用多年的高耐用电池。虽然这些电池可以维持传感器节点很长一段时间的运行，但在实际应用中过早的电池故障仍会发生。这归因于许多原因，如传感器节点部署在恶劣的环境条件（如极端的温度或淋雨），不正确的处理或随机故障造成的传感器节点失效等。

（2）传感器节点的硬件故障

传感器节点受到随机硬件故障的影响。首先，大多数商业传感器节点对成本都是敏感的，这意味着它们并不总是拥有最高质量的组件。其次，由于传感器节点受恶劣环境条件的影响，其元件的正常寿命受到影响。

（3）传感器节点的软件故障

传感器节点容易受到随机的永久性软件的影响，这些软件会使它们处于非活动状态，从而无法感知或通信。如果传感器节点部署在恶劣的环境中，长期暴露在极端物理条件下，就更容易受到故障的影响[16]。故障的传感器节点会报告错误的读数，将导致观察到的物理过程真实情况无法发送到基站，也不能正确地执行任何监测任务。

另外，外部因素，如人为因素的干预也会造成系统中断，使感知数据出现缺失或异常。感知数据的不可靠，将导致物联网系统的不可靠。物联网系统中感知层无线链路信号弱，易受外界影响，从而面临如链路或路径故障、无线链路不稳定等问题；外加自然灾害等外部因素，会导致通信中断。

因此，物联网系统中感知层面临可靠性问题。感知层主要涉及的可靠性问题包括感知节点数据收集的可靠性、拓扑设计的可靠性及无线链路的可靠性。

物联网系统的网络层主要用于实现信息的传送和通信，网络层借助下一代互联网、移动通信网、传感器网络，通过物联网的节点、网关等核心设备协同工作，并承载各种物联网服务的网络互连。因此，在物联网系统中，网络层限于能耗问题，路由信息的播送就不能很频繁，这就面临低功耗路由的可靠传输问题。另外，无线通信网络是物联网信息传输和服务支撑的重要基础设施之一、无线通信技术涵盖传统的接入网、核心网和业务网等多个层面的内容，是物联网数据传输的重要载体，也是物联网的重要技术之一。无线通信网络在空间上共存，为物联网服务提供了随时随地的便利，同时也带来了多跳通信的问题，增加了系统能耗，这就在多跳通信链路的可靠性方面提出了挑战。在物联网系统中，网络层连接的感知信息系统具有很强的异构性，即不同的系统采用不同的信息定义结构、不同的操作系统和不同的信息传输机制。为了实现异构信息网络之间的互联、互通和互操作，物联网需要使用开放、分层和可扩展的网络系统作为框架，以实现异构网络与骨干网络之间的无缝连接，于是就面临通过不可靠的平台，提供可靠服务的问题。在以传感器网络为代表的末梢网络大规模应用之后，面临接入骨干网的问题，其网络技术需要与骨干网充分配合，在实时性、安全性、可靠性及智能化方面都有明显的要求，这些都将面临新的挑战。网络层主要的可靠性问题是传输层通信协议的可靠性、异构网络的融合及高效可靠的路由机制。

物联网系统的应用层，包括应用中间件层和应用服务层，用于实现网络层与物联网应用服务间的接口和功能调用，也用于实现物联网的各类监测应用或行业领域的应用。与物联网海量信息存储和处理相关的关键软件系统与智能算法是物联网计算环境的"心脏"和"神经"，是物联网生态系统的重要组成部分[17]。因此，在设计面向物联网海量信息处理的高效且空间复杂度低的核心算法以确保物联网系统在应用领域安全可靠运行方面面临着挑战。另外，实现海量数据可靠存储和共享也将面临挑战，包括设计有效的设备备份与恢复机制，避免单点故障，支持动态数据对象管理和资源共享，以及存储服务 QoS 等。应用层主要涉及的可靠性问题包括应用程序需提供其是否正确运行的状态指示、程序运行出现故障的时间、避免单点故障保障设备备份与恢复的可靠性、海量数据的高可靠存储和处理及保障测量的可靠性等。

物联网系统是一个复杂的系统。它由感知层、网络层和应用层组成。每层包含多个子层，涉及许多相关技术领域。物联网的应用场景更是千差万别[18]，因此，物联网系统的可靠性与传统系统的可靠性不同，更为复杂、系统性更强且端到端的整体可靠性更高。物联网系统中可靠性问题也变得更为突出。故障或失效不仅会导致重大的财产损失问题，环境的破坏甚至会威胁到人们的生命安全。如何保障物联网系统的可靠性，成为当前研究者关注的重要问题。

1.2 研究意义

随着物联网技术的发展和应用的普及，物联网系统的可靠性问题已成为一个不能回避的话题。可靠性分析在发现物联网系统存在的问题、通过改进网络设计来预防未来可能出现的问题、基于时间的物联网系统行为预测，以及在设计高效性能的物联网方面提供决策支持起着至关重要的作用。可靠性分析允许设计者确定特定网络的冗余需求，以及在极端环境条件下，将物联网系统可靠性维持在可接受水平上的能力，评估设计变更对整个物联网系统可靠性的影响。因此，物联网系统的可靠性分析可以用来指导物联网系统规划、布局和建设阶段的可靠性预测；可以为提高系统可靠性提供参考；也可对物联网系统可靠性管理提供指导。

虽然物联网系统可靠性的研究已有一些成果，但整体来看仍处于刚起步阶段。结合物联网系统特定的应用场景及其部署特点，对物联网系统的可靠性进行研究，构建物联网系统的可靠性保障机制和策略具有非常重要的理论与现实意义。

1.3 研究动机

本书的研究工作主要围绕物联网监测系统的可靠性分析及优化问题展开，以基于物联网的雾霾重点污染源监测系统为背景，以实现物联网监测系统中感知层的可靠性为研究目标，以感知数据为基础，设计可靠的拓扑结构，研究关键节点的容错机制，当存在中断和异常时，对数据进行反演与修正，对物联网监测数据的离群值进行检测，对物联网监测系统用户服务的可靠性与监控中心的能耗进行优化分析，对物联网监测系统的可靠性进行评估，以实现物联网监测系统的可靠。以此为研究目标的原因主要有以下几个方面。

① 复杂的物联网监测系统在环境治理方面发挥作用，根本上取决于连续、可靠的实时监测数据。这些数据完全取决于部署在物理环境中的传感器设备及对其的适当维护。现有物联网监测系统由于人为故意干扰和破坏，以及环境因素影响造成节点故障，导致监测到的实时数据不可靠。同时还存在监测点少、独立性差、监测系统拓扑结构不可靠等问题。因此，采用一种内外验证模块化的节点部

署方案，可以提高数据获取的可靠性。

② 尽管已有物联网系统可靠性方面的研究，但物联网监测系统仍面临新的挑战。物联网感知节点具有费用低、部署灵活、组网独立等特点，越来越被广泛的使用，但在面临环境和人为因素影响，以及感知节点本身由电池供电，能量有限的情况下，感知节点并不足够可靠。在这一领域，仍然缺乏容错方面的解决方案，而这些方案在实现物联网监测系统对雾霾的有效监控方面是必不可少的。因此，对物联网监测系统中关键节点簇头采用静态备份与动态定时监控相结合的容错机制，可确保物联网监测系统中数据收集的可靠性。

③ 确保物联网监测系统数据的质量，对数据的可靠性进行修正是避免误报或忽略相关数据的根本。然而，由于传感器节点部署在物理环境中，经常面临环境和人为故意干扰与破坏等因素的影响。因此，在监测系统出现中断或监测数据异常等问题时，就需要有效的模型对数据进行可靠性方面的修正。为了解决这一问题，有必要对采集到的数据进行连续的、自动的反演和修正。因此，在数据收集和数据处理级别上，采用基于多属性条件的物联网监测系统数据的可靠性反演与修正模型，摒弃不可靠的源数据是一个很有前途的方法。

④ 随着物联网规模的扩大，物联网系统和网络发生故障的概率显著增加。这些错误会导致物联网数据质量变差，并可能导致错误的决策结果。数据代表了连接网络世界和物理世界的桥梁。物联网程序应用在不同领域，大多数新系统和服务严重依赖物联网设备收集的数据，确保数据的质量对物联网提供服务是至关重要的。为了提高物联网数据质量，采用基于 MARS 模型和概率规划的多变量离群值检测方法，能更准确监测出物联网数据中的离群值，是提高物联网数据质量的一种有效方法。

⑤ 物联网监测系统中应用层用户的服务，细粒度地以虚拟机方式运行在物联网监控中心服务器上，往往会因 CPU 设备失效、硬件失效及人为因素等导致服务失效，使得服务不可靠。另外，用户对不同的服务可靠性要求也不同。单个虚拟机运行，不能保障服务的高可靠性要求。冗余部署多个虚拟机，势必增加物联网监控中心的能耗。因此，在构建一种应用层用户服务可靠性约束下，最小化物联网监控中心能耗的优化模型，并采用改进的最大最小蚁群算法进行求解，可在保障用户服务可靠的前提下，实现物联网监控中心能耗的最小化。

⑥ 尽管物联网监测系统具有高度的适用性，但它也面临一些挑战。最具挑战性的问题之一是它的可靠性，因为设备故障可能会将人置于危险之中或导致经济损失。在早期规划和设计阶段，缺乏评估物联网应用可靠性的评估工具，使得系统设计者无法优化其决策，从而无法将此类故障对网络设备的影响降到最低。因此，结合传统的定性和定量分析方法各自的优点，采用层次分析-模糊综合评

判法对物联网监测系统的可靠性进行综合评估。该方案可用在物联网应用的早期规划和设计阶段，以提供有价值的数据。

1.4　研究内容与贡献

本书的研究工作主要围绕物联网监测系统的可靠性分析和优化问题进行，研究的内容主要包括以下几个方面。

（1）物联网监测系统拓扑结构的可靠性优化设计

可靠的拓扑设计能确保物联网监测系统运行稳定可靠。监测系统中感知节点的部署方式决定网络的生存时间、网络的覆盖度与连通性、网络的部署费用和网络中路由的有效性，这些对物联网的拓扑可靠性起决定性的作用。节点部署是一个多目标优化问题。本书以雾霾重点污染源远程监测的需求为应用背景，监测系统中节点由于面临环境和人为因素出现的中断或向基站发送的异常数据。因此，在节点部署中为优化可靠性，提出一种内外验证模块化的节点部署机制来提高数据获取的可靠性；为保障覆盖、连通、可靠性和路由设计，在监测区域内部提出以污染源重心为圆心，均匀分簇的模块化节点部署方法。在监测区域面积和通信半径确定的情况下，推导出部署的层数和簇头节点总数；为解决在监测系统中断和数据异常时，能通过反演和修正保障监测数据的可靠性，将外围监测区域抽象成矩形区域，为实现全覆盖和部署成本优化，提出一重等腰三角形覆盖的部署方法，推导出矩形区域宽度、相邻两节点邻距离和传感器节点的感知半径之间，在满足一定量化关系时，可实现部署节点数量的最小化，并推导出所需最少部署的节点总数；可靠度是物联网监测系统的一个重要指标。运用可靠性框图模型，分析均匀分簇的模块化节点部署中多级簇结构的可靠度与基本监测体个数、感知节点可靠度之间的量化关系；为解决远程传输网络因没有固定的基础设施，会面临诸如链路或路径失效及传输链路不稳定的问题，为保障其可靠性，分析计算了不同冗余结构的可靠度和系统失效前的平均工作时间，量化推导出了一种最佳的冗余结构，以保证数据传输的可靠性。研究适合物联网雾霾重点污染源监测的可靠拓扑结构，重点对相关参数及约束条件进行量化分析，并探寻拓扑结构参数之间的内在规律是从理论上对基于物联网拓扑结构部署的升华和发展，同时为实际的节点部署、传输网络选择方面等实践应用奠定了坚实的理论基础。

（2）物联网监测系统簇头节点静态备份与动态定时监控相结合的容错机制研究

在物联网监测系统中，通过部署无线传感器网络来获取数据，以满足物联网的特定应用。分簇的路由协议能有效维持传感器节点消耗的能量。在该路由协议中，簇头节点承担着非常重要的作用。许多研究为簇头的容错机制提供了见解，特别是物联网系统应用在野外、恶劣环境的情景。这些机制大多倾向最多使用两个备份簇头节点，无法确保簇的形成。一些研究提出加入邻近的簇头，会导致HELP 消息爆炸和数据传输效率低下的问题。其他的研究集中在簇头的重选机制，这会中断系统的正常运行，增加网络的能量消耗。只有少数研究提出采用监控机制来减少收集的源数据包丢失，降低故障时的恢复时延。综上所述，在簇头容错机制研究中，目前还未看到通过备份与监控机制相结合实现容错的报道。为实现物联网监测系统数据获取的可靠性和能耗之间的优化，提出了一种簇头节点静态备份与动态定时监控相结合的容错机制。考虑到不同物联网监测系统中终端用户对簇头节点的可靠性要求不同，构建基于马尔可夫（Markov）模型的簇头节点可靠性模型，在给定可靠性需求的情况下，可求得所需簇头节点的个数；为避免网络功能失效和降低故障恢复时的能耗，在簇头的选举阶段，提出簇头节点的静态备份机制。其中一个簇头节点被作为主簇头节点，其余的簇头节点被作为备份的簇头节点；监控对于监控网络的异常行为是非常重要的，为监测主簇头节点的故障并实现快速从故障中恢复，保障监测系统数据获取的可靠性，在数据传输阶段，提出动态定时监控机制，备份的簇头节点按指定的时间间隔发送数据包来监控主簇头节点是否工作正常；理论分析和仿真结果表明，提出的机制在恢复时延、网络消耗的总能量、死亡节点数，吞吐量及丢包率等方面具有显著的改进。该机制在保证物联网监测系统可靠的数据收集方面，具有重要的理论和实际应用参考价值。

（3）多属性条件下物联网监测数据的可靠性反演与修正机制

由于人为故意干扰和破坏，以及系统自身的故障，基于物联网的雾霾重点污染源监测系统会出现中断或监测数据异常。针对此问题，在内外验证模块化可靠拓扑结构的基础上，提供基于监测企业内部污染源和周围环境污染相关监测数据反演与修正的有效模型。根据企业和周边可信节点的雾霾相关监测数据，基于权重相对熵最小优化模型和贝叶斯网络模型，通过监测污染源对周围环境的影响，以及与之前产生的污染效果对比，来实现雾霾重点污染源监测数据的可靠性反演与修正。以周边监测传感器节点和厂区用电子栅栏保护的可信节点数据为依据，建立相关拓扑矩阵的主要代码，并将网络结构可视化，而后根据传感器节点网络结构图生成相关贝叶斯网络结构，进而对贝叶斯网络进行学习训练，实现海量历史数据的处理和转化，通过学习将贝叶斯网络转变为一个完整的贝叶斯网络。为提高反演与修正结果的准确性，结合基于权重相对熵最小优化模型，组合主、客观权重获得最优权重，并根据污染源监测数据阈值将信息异常级别动态地配置为

L 个不同的异常等级，将二维属性条件下的贝叶斯网络模型推演到多属性条件，满足监测的信息多样普适性需求。然后根据污染源监测数据的总先验概率，导致发生的各个分属性先验概率、联合概率分布及其条件概率，实现了雾霾重点污染源监测数据可靠性的反演与修正；通过实例验证了所提算法的有效性，并在实际系统中对监测数据的可靠性效果进行了不断的修正，最终使监测系统的漏洞与局限性达到最小。提出的机制在保障物联网监测系统感知数据的质量和可靠性方面，具有重要的理论和实际应用价值。

（4）物联网监测数据的离群值检测算法

随着技术的进步，物联网系统中嵌入式传感器设备的数据收集能力也逐步提高，从而增加了来自物理世界的数据和更多连续的数据流。数据代表了连接网络世界和物理世界的桥梁。新产品和服务的质量很大程度上依赖于物联网设备所收集的数据质量。数据质量出现偏差的一个主要表现是数据离群值。为了避免低数据质量所带来的后果，需要对物联网监测数据中的离群值进行处理。为了提高物联网数据质量，提出了一种新的结合多元自适应回归样条（multivariate adaptive regression splines，MARS）模型和概率规划的多元离群点检测方法，并将该方法应用到物联网数据的异常检测。该方法首先使用多变量自适应回归样条曲线来拟合具有单一因变量的多个预测因子变量，其次，MARS 模型的残差被用作可推广的、完全贝叶斯概率模型的输入，以检测离群值。最后，将该方法成功应用于物联网数据的离群值分析。实验结果表明，该模型返回值是数据为离群值的概率分布，能更准确地选出离群值。因此，在给定某些特定数据集时，作为离群值的平均概率可用于确定离群值所需的适当概率阈值。同时，该方法不依赖于设置的距离值阈值，也不需要参数来指定邻居或集群的数量。此外，该方法对数据分布的影响更加稳健。

（5）物联网监测系统用户服务的可靠性与能耗的优化分析

考虑用户对不同服务的可靠性要求不同，则需要部署的虚拟机的冗余个数也不同，建立基于 Markov 用户服务的可靠性模型，在给定用户服务的可靠性需求下，可求得最少应冗余部署的虚拟机个数；为在保障应用层用户服务可靠性的前提下，最小化监控中心能耗，提出了一种在应用层用户服务可靠性指标约束下，最小化物联网监控中心能耗的优化模型；将该优化问题抽象成一个多维装箱问题，基于改进的最大最小蚁群算法进行求解，实现物联网监控中心能耗最小化。实验结果表明，相比于改进的降序首次适应（first fit decreasing，FFD）算法，最大最小蚁群算法在保证应用层服务可靠性的同时，能有效降低物联网监控中心的平均功耗。

（6）物联网监测系统可靠性评估与应用

随着物联网技术在监测行业中的广泛应用，系统的可靠性分析备受重视。物联网监测系统功能模块和层次很多，功能属性、影响因素和评估因素各不相同。对于这种类型的系统，每个功能模块具有更大的独立性，并且每个模块和级别由不同的组件组成，某些组件或功能的故障并不代表整个系统的故障。另外，物联网监测系统的结构和运行机制的复杂性，实际条件的局限性及人们理解的局限性可能导致某些组件的功能或整个系统的真实状态无法预测或无法准确量化。因此，很多时候复杂功能层次系统的可靠性综合评价也等效于系统的性能评价。单纯的定量分析过程具有很强的主观性，定性分析的可靠性表达精确度不如定量分析方法。在物联网监测系统可靠性评估过程中，采用单纯的定性分析方法或定量分析法都无法对评估系统进行准确有效的可靠性评估。因此，将定性和定量两种分析方法相结合，提出基于层次分析-模糊综合评判法对物联网监测系统的可靠性进行综合评估。通过案例分析，总结并查阅相关文献，依据物联网系统的层次结构，构建了物联网监测系统可靠性的指标体系；通过层次分析法获得指标因子的权重，不仅利用专家经验，而且以数学理论为基础，具有很强的客观性和逻辑性；同时引入模糊数学理论，更有效地解决物联网监测系统可靠性问题中的不确定性。本章可以用来指导物联网规划、布局和建设阶段的可靠性预测，也可以为提高系统整体的可靠性提供参考，同时为网络可靠性管理提供指导。

本书所给出的 6 个研究内容之间存在一定的逻辑关系，其基本关系如图 1-1 所示。

如图 1-1 所示，物联网监测系统的可靠性分析及优化是本书的研究核心，后续的研究以此为基础展开。首先结合具体的应用需求，针对物联网雾霾重点污染源监测系统中断和数据异常问题，提出一种内外验证模块化的物联网监测可靠拓扑部署方案，量化推导出一种最佳的冗余结构，实现了远程主干传输的可靠性；其次，为保证物联网监测系统数据获取的可靠性，针对数据收集中关键节点簇头，提出了一种静态备份与动态定时监控相结合的容错机制，并通过理论分析和实验仿真对提出的机制进行性能评价；再次，在内外验证模块化的物联网监测可靠拓扑部署结构基础上，基于权重相对熵最小优化模型和贝叶斯网络模型对雾霾重点污染源监测数据的可靠性进行反演与修正；为提高物联网数据的质量，提出了一种结合 MARS 模型和概率规划的多元离群点检测方法，并通过实验仿真对提出的方法进行性能评价；为在保证物联网系统用户服务可靠性的同时，降低物联网监控中心能耗，提出了一种应用层用户服务可靠性指标约束下，最小化物联网监控中心能耗的优化模型，采用基于改进的最大最小蚁群算法

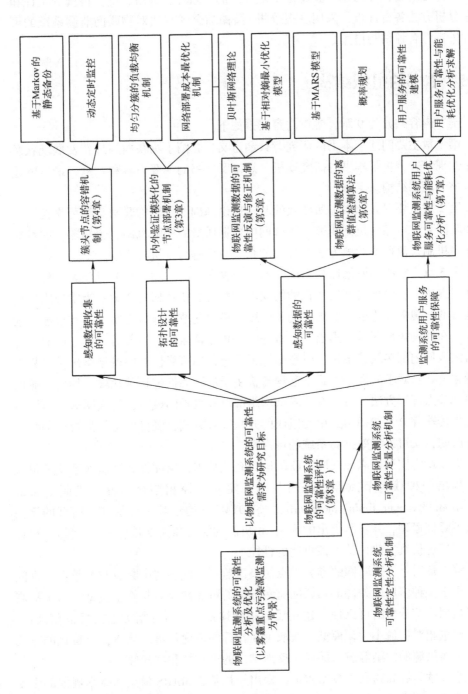

图 1-1 本书研究内容之间的逻辑关系

求解该优化问题，并通过实验验证了该算法的有效性；最后，结合传统的定性和定量分析方法各自优点，采用层次分析–模糊综合评判法对物联网监测系统的可靠性进行综合评估与应用。

1.5 本书的组织结构

本书内容共分为9章，各章内容安排如下。

第1章主要阐述了本书的研究背景和意义，介绍了物联网的最新发展现状及可靠性现状，分析了本书的研究动机，总结了本书的主要内容和贡献，最后阐述了本书的篇章结构。

第2章主要在介绍本书所涉及的基本理论基础上，对物联网系统可靠性、提高物联网系统可靠性机制研究、物联网中数据质量的保障机制、感知数据的可靠性保障机制及离群值检测方法等方面的相关技术进行分析与比较。

第3章为解决物联网监测系统中断和数据异常的问题，在节点部署中优化可靠性，提出一种内外验证模块化的物联网监测可靠拓扑部署方案。为实现内部监测区域的全覆盖和连通，提出了均匀分簇的模块化节点部署方案。为实现成本的优化，在外围矩形区域，提出了一重等腰三角形覆盖的节点部署方案。同时，针对监测区域内部多级簇结构，以数据汇聚思想，用可靠性框图模型给出了可靠性的量化公式；对不同冗余方式下远程传输主干的可靠性进行了比较。均匀分簇的模块化节点部署方法，可以有效降低网络部署和维护的成本；物联网远程监测系统主干传输部分，选择由三单元组成的并联冗余方式，既可以延长失效前的平均工作时间，又可以有效提高系统的可靠性。

第4章为实现可靠地获取物联网监测系统数据，保证物联网监测系统的可靠性，提出一种簇头节点静态备份与动态定时监控相结合的容错机制（static backup and dynamic timing mornitoring，SBDTM）。构建基于马尔可夫模型的簇头节点可靠性模型，并对所提出的SBDTM机制的能耗和恢复时延进行了量化分析。最后，通过仿真实验评估了该机制的性能。

第5章对基于物联网的雾霾重点污染源监测系统出现中断或监测数据异常问题，提出一种多属性条件下物联网监测数据的可靠性反演与修正模型。为了提高监测数据反演分析的可靠性，建立反演指标体系，并对各指标进行规范化处理，基于权重相对熵最小优化模型，获取反演指标的最优权重。最终，以量化的方式给出了污染源的污染等级，保证了反演结果的可靠性和准确性。

第6章为提高物联网数据质量，提出一种基于MARS模型和概率规划的多变量离群值检测方法。采用一个多元自适应回归样条曲线MARS模型来拟合具有单一因变量的多个预测因子变量，然后 MARS 模型的残差被用作可推广的、完全贝叶斯概率模型的输入，以检测离群值，并将该方法成功应用于物联网数据的离群值分析。最后，通过仿真实验评估了该方法的准确性和稳健性。

第 7 章为在保证用户服务可靠性的同时，降低物联网监控中心的能耗，提出一种在应用层用户服务可靠性指标约束下，最小化物联网监控中心能耗的优化模型。构建基于马尔可夫用户服务的可靠性模型，实现用户服务可靠性量化分析，并采用基于改进的最大最小蚁群算法求解该优化问题。最后，通过仿真实验评估了该算法的有效性。

第 8 章针对单纯的定性分析或定量分析方法，都无法对复杂物联网监测系统可靠性进行准确有效评估的问题，通过案例分析总结并查阅相关文献，依据物联网系统层次结构，构建了物联网监测系统可靠性指标体系；结合传统的定性和定量分析方法各自优点，采用层次分析-模糊综合评判法对物联网监测系统的可靠性进行综合评估与应用。

第 9 章总结全书，并对下一步研究方向进行了展望。

1.6　课题来源

本书得到国家自然科学基金项目"基于物联网的雾霾重点污染源监测的传输可靠性与内容可信性基础理论与应用研究"（61472137）、青海省应用基础研究项目：三江源生态物联网监测系统的可靠性保障及优化机制研究（2023-ZJ-713）、教育部春晖计划项目"智慧矿山安全监测和应急通信系统的可靠性保障基础理论研究"（Z2016083）的资助。

第2章 相关概念及研究综述

随着物联网技术及应用的不断发展和普及，物联网系统的可靠性问题也越来越受到相关研究者的关注。本章针对文中所涉及的物联网的体系结构、可靠性的定义、可靠性分析方法、物联网系统可靠性的定义及内容等相关理论进行介绍，并从提高物联网系统可靠性的机制、物联网中数据质量的保障机制、感知数据的可靠性保障机制及离群值检测等方面对物联网系统可靠性的相关研究进行综述。

2.1 相关概念

2.1.1 物联网的体系结构

物联网是近年来计算机科学、通信和工程领域的最新发展的成果，也是讨论最多的热点话题之一。其定义可描述为：通过各种条码、射频识别、近场通信、传感器、全球定位系统、激光扫描器等信息传感设备，按照约定的协议，把各种物品与互联网连接起来，进行信息交换和通信，以实现对物品的智能化识别、定位、跟踪、监控和管理的一种网络。它是在互联网基础上延伸和扩展的网络。

物联网系统是一个复杂的系统，其体系结构的划分目前尚没有一个统一的国际标准，但通常将物联网的体系结构划分为 3 个基本层次[19]，由低到高依次为感知层、网络层和应用层。

感知层是物联网体系结构的最低层，主要通过智能设备，如射频识别（radio frequency identification，RFID）、传感器、执行器等实现物理设备和组件之间的交互。主要负责测量、收集和处理设备的状态信息，并通过部署的智能设备将处理后的信息通过层接口传输到网络层。

网络层是物联网体系结构的中间层[20]。网络层用于接收由感知层提供处理的数据信息，通过路由集成网络中的设备，将应用程序中的数据和信息传输到物联网中心。网络层是物联网架构中最重要的一层，主要因为各种设备（集线器、交换机、网关）及各种通信技术，如蓝牙、Wi-Fi、长期演进（long term evolution，LTE）等都集成在这一层。网络层通过接口或网关之间的异构网络，使用各种通信技术和协议来传输来自不同设备或应用程序的数据。

应用层又称为业务层，是物联网体系结构的顶层。应用层负责接收网络层传输的数据，并使用这些数据来提供所需的服务或操作。例如，应用层可以提供将接收到的数据备份到数据库中的存储服务，提供分析服务来评估接收到的数据及预测物理设备的未来状态。大量的应用程序存在于这一层，每个应用程序都有不同的需求，如智能电网、智能交通、智慧城市等[21-22]。

物联网系统的可靠性分析基础仍然是基本的可靠性理论，下面介绍可靠性分析和建模中用到的相关理论知识。

2.1.2 可靠性

1. 可靠性的定义
可靠性是指产品在规定条件下和规定的时间内，完成规定功能的能力。

2. 可靠性指标
（1）可靠度

可靠度是指一个系统或组件在规定的时间和规定条件下完成规定任务的概率，即提供正确服务的连续性[23]，用可靠度 $R(t)$ 度量。如果 X 是表示失效时间的随机变量，那么时刻 t 的可靠度函数可表示为 $R(t)$，其中 $P(X>t)$ 表示在 t 时刻之前系统或组件没有发生故障或失效的概率。

$$R(t) = P(X>t) \tag{2-1}$$

（2）平均寿命

平均寿命是指寿命的数学期望。当系统不可修复时，平均寿命指失效前的平均工作时间（MTTF, mean time to failure）；当系统可修复时，平均寿命指相邻两次故障间的平均时间（MTBF, mean time between failures）。它们都可以记为 $E(t)$，表示无故障工作时间 t 的期望[24]。

$$E(t) = \int_0^\infty tf(t)\,\mathrm{d}t \tag{2-2}$$

（3）失效率

失效率是指失效只发生在时间段 $t-(t+\mathrm{d}t)$ 间的条件概率，在时刻 t 之前没有出现失效，一般记为 λ，它也是时间 t 的函数，故记为 $\lambda(t)$，称为失效率函数，有时也称为故障率函数或风险函数[25]。

$$\lambda(t) = \frac{f(t)}{R(t)} \tag{2-3}$$

（4）修复率

修复率是指在规定的条件下和时间范围内，尚未修复的产品在达到修理时间的某一时刻后，单位时间内完成修理的概率，可表示为 $\mu(t)$。它是用单位时间修复发生故障的产品的比例来度量维修性的一个尺度。

$$\mu(t)=\frac{m(t)}{1-M(t)} \tag{2-4}$$

式中：$m(t)$——维修时间的概率密度函数；

　　　　$M(t)$——维修度函数。

2.1.3　可靠性分析方法

目前常见的可靠性分析方法有以下几种。

1. 可靠性框图法

可靠性框图法（reliability block diagram，RBD）是用连续的网络结构来描述系统所完成功能的一种方法，将系统的零件及它们的连接关系用图形化的方式表现出来，框图（由长方形表示）并不体现它所代表的零件或子系统的任何细节。若系统具有多个功能，则每个功能都分别建立框图[26]。可靠性框图法，既可用于定性分析，也可用于定量分析。标准数学可靠性方程可用于大型系统的可靠性分析[27]。

可靠性框图结构遵循 3 种基本模式：串联、主动冗余和备份冗余。串联结构如图 2-1（a）所示，所有的组件都应正常运行，系统才能保持正常运行。主动冗余中所有的组件都必须处于主动状态。主动冗余组件如图 2-1（b）所示，以

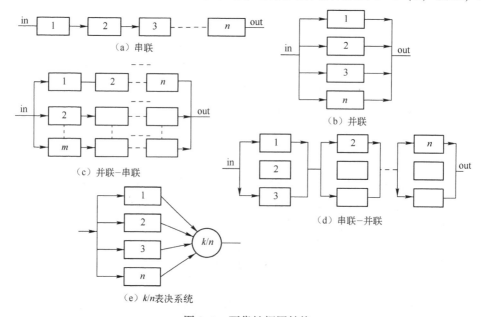

图 2-1　可靠性框图结构

并联的结构连接如图 2-1（b）所示，或以串联和并联结构组合的方式如图 2-1（c）和图 2-1（d）所示。在备份冗余中，并非所有的组件都需要处于活动状态，如图 2-1（e）所示，n 中取 k（k-of-n）的表决系统就是备份冗余，其中 n 个组件中只要有 k 个组件正常，该系统就是可用的。其余组件处于备份模式，如果需要，可以使用。

2. 故障树分析

故障树（fault tree，FT）是用来表明系统哪些组成部分的故障或外界事件或它们的组合将导致系统发生一种给定故障的逻辑图。故障树把系统最不希望的事件作为故障树的顶事件，用规定的逻辑符号表示，找出导致系统故障的原因，它们是处于过渡状态的中间事件，并由此逐步深入分析，直至故障树的底事件为止[28]。用各种事件的代表符号和逻辑关系符号组成的倒立树状的典型故障树图，如图 2-2 所示。

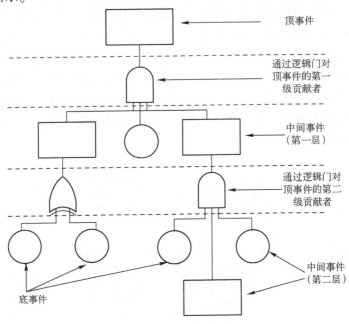

图 2-2　典型故障树图

故障树的前端节点用门表示，门可用于按照规定的方式链接两个或多个导致故障的事件。例如，当一个故障足以增强该故障时，可以使用或门。另外，当所有原因事件对于增强该故障是必不可少时使用与门。除了这些门之外，还有一些其他门，如异或门，顺序与门和禁门，它们可以对由于相应原因事件而导致的故障发生进行建模。

故障树模型建立后就可以执行定性和定量分析。定性分析允许识别基本故障事件的所有组合，称之为割集，它会引起顶层事件的发生。最小割集是那些不包含任何基本原因事件的任何子集的割集，它仍然是一个割集，是通过对这些割集应用布尔代数运算得到的。在这些割集中，基本原因事件的数量越少，被建模的系统被认为对故障更有弹性。定量分析通过考虑这些显著导致系统故障的最小割集来评估顶部事件发生的概率。

3. 马尔可夫链

一个随机过程在随时间变化的过程当中，如果下一个变化时刻的值仅与当前时刻的取值有关，而与过去时刻的值无关，则称这种随机过程具有马尔可夫性，或者无记忆性。满足马尔可夫性质的随机过程是马尔可夫过程。如果马尔可夫过程的状态空间是离散集合，则称为马尔可夫链。马尔可夫链是一个由一组状态和弧组成的随机过程，即 $S = \{s_0, s_1, \cdots, s_n\}$，它们用于表示从一种状态到另一种状态的转移。初始状态 s_{ini} 和概率 p_{ij} 分别表示从状态 s_i 到状态 s_j 的起始状态和转移概率，主要用于求解动态故障树模型，以获得系统的可靠性。基于马尔可夫链的方法有两个主要概念：系统状态和状态转换。为了表示系统的可靠性，每个系统状态通常表示故障和无故障组件的不同组合。状态转换控制系统内发生的状态的变化，随着时间的推移和故障的发生，系统从一个状态转到另一个状态，直到达到系统故障状态，如图 2-3 所示，该过程从一个初始状态开始，从当前状态到下一个状态的转换是基于转换概率发生的，而转换概率只取决于当前状态，这为马尔可夫模型提供了基础。

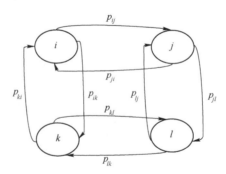

图 2-3   离散时间马尔可夫链

马尔可夫链通常分为两类：离散时间马尔可夫链和连续时间马尔可夫链。马尔可夫方法通常用在单元之间相互不独立其可修的系统进行可靠性分析。半马尔可夫模型，涉及状态和状态转移的概念，也可用于系统的可靠性分析。马尔可夫模型也被用于分析其他可靠性模型的动态行为，如可靠性框图和故障树。对于可靠性分析，动态行为的概念代表了系统拓扑或配置随时间的演化。在动态可靠性框图中，系统根据组件的状态进行建模，这些组件状态的演化由一系列事件进行。

另外，在可靠性的分析方法中，还包括贝叶斯置信网络法、佩特里网等，需要结合具体的应用场景和基准规则，选择不同的分析方法来研究系统的可靠性。

2.2 物联网系统可靠性

2.2.1 定义

物联网系统可靠性是指在物联网业务量增消变化的运行过程中，在各种破坏因素共存的条件下，物联网系统对用户服务需求持续满足的能力。从研究内容来看，物联网系统可靠性研究既研究系统固有属性（如拓扑设计、路由设计、资源管理机制等）的可靠性，也研究系统运行属性的可靠性[29]（系统在外界环境破坏下，以及在人为破坏、自然灾害下，保持运行的能力）。

2.2.2 物联网系统可靠性相关研究

可靠性研究始于 20 世纪 20 年代初。经过近一个世纪的进步，它取得了长足的进步，并对设备、系统和软件的可靠性进行了深入的研究。虽然物联网系统可靠性的研究已有一些成果，但是目前国内外对物联网系统可靠性的研究还没有得到相应的重视，对物联网系统的可靠性研究还处于刚刚起步阶段。

物联网系统本身是一个复杂的系统，物联网系统的可靠性包括软件可靠性、硬件可靠性和通信网络可靠性，并且三者之间相互影响。目前大多数研究者将三者作为独立不相关的部分，分别进行研究[18]。在软件可靠性方面，国外研究机构主要有马里兰大学、纽卡斯尔大学。目前国内对软件可靠性模型的研究主要集中在软件的研制阶段，主要的研究机构有北京航空航天大学，该单位研发了可靠性设计分析技术及软件工具。在网络可靠性方面，国外研究机构主要有美国弗吉尼亚大学、英国利兹大学，国内主要的研究机构有北京邮电大学和北京航空航天大学等。目前，国内外尚无针对物联网系统整体可靠性的评估工具。现有的相关工具是用于网络系统、软件和硬件系统的可靠性评估工具[29]。

因此，近年来，诸多专家学者针对物联网系统可靠性问题，开展了多种形式的研究。当前大量的研究工作主要集中在两个方面：物联网系统可靠性评估和提高物联网系统可靠性的机制和策略。

针对物联网系统可靠性评估的研究，如文献［9］将物联网应用系统分解为设备、网关、通信链路、协议和终端系统，分析了系统的可靠性评估问题。文献［29］从系统的角度，创新性地提出了物联网系统可靠性的定义，开发了物联网可靠性评估系统，并对北京市某局物联网系统可靠性进行了仿真评估。文献

[30] 指出，物联网系统相关的可靠性研究主要集中在射频识别和无线传感器网络方面。随着物联网从理论到实际应用的实现，保障物联网系统高可靠性工作成为系统设计的关键。在物联网可靠性研究方面，做了以下工作：将分析法与多属性决策方法相结合，提出了基于指标的物联网系统可靠性综合评价方法；基于终端故障、通信故障建立了物联网网络节点间传输路径模型，从通信物理层和MAC 层建立了信号干扰模型，结合业务拥塞概率，研究在干扰下的通信可靠性；从物联网中节点移动方面，对网络的可靠性进行了研究。文献 [31] 指出，目前绝大多数研究都是孤立的，从系统层面给出了物联网系统可靠性的含义。从链路层丢包、传输层重传、应用层问题和使用的可观测性出发，提出了提高物联网可靠性的机制和策略。文献指出，从系统架构、部署、传输层、传感器网关和移动网络支持等方面，考虑物联网系统可靠性。文献 [32] 提出一种基于服务计算的物联网架构，系统中每个设备都充当路由器，能够计算、通信和转发数据给其他设备。整个物联网应用系统是一个集中、异构的分布式系统。面向服务的物联网可靠性由虚拟机运行输入文件的可靠性、程序的可靠性和异构子系统的可靠性决定，并通过火警系统进行实例化验证。文献 [33] 基于马尔可夫模型评估单个部件、系统处在冷备份、积极冗余机制，切换装置以一定概率切换，在失效事件下，对部件、系统的可靠性进行评估，为物联网评估奠定了基础。文献 [34] 基于蚁群算法解决物联网可靠数据收集中生成树的构建问题，该算法既可以提高可靠性，又可以降低能耗。文献 [35] 基于 Gamma 概率密度函数模型，构建物联网的可靠性、可用性指标。文献 [36] 采用可靠性系统理论与 AHP 方法，提出了物联网可靠性的综合评估模型。其主要思想是对物联网可靠性评估过程中的各个指标和指标的重要程度，按照一定的标准赋予相应数值，根据选择的定量分析方法计算出最终的系统可靠性值，实现整个过程和结果的量化。何明等针对物联网应用中负责数据采集和设备控制感知层的可靠性，提出一种基于节点移动的移动自组织网络可靠性评估方法[37]。

物联网系统结构复杂，因此，很多研究者从物联网系统架构的不同层次出发，提出了提高物联网系统可靠性的机制和策略，这部分内容将在 2.3 节中进行综述。

2.3 物联网系统可靠性保障机制研究

提高物联网系统可靠性主要从两个方面着手解决：避错和容错。

避错，即避免系统因出现错误而引起系统中断，进而导致物联网系统的不可靠。通过开发规则、国际标准和其他程序来实现避错。避错的方法可以提高系统的可靠性，但是无论系统多么可靠，都会发生系统故障，避错的方法不能绝对排除系统的所有错误。

容错就是保证在系统出现故障的情况下，系统能够立即、自动地检测和恢复故障的能力，确保继续提供系统功能，可以确保系统在任何中断或故障出现时可用。因此，容错技术是实现高可靠系统的关键[38]。故障检测和故障恢复是实现容错的两个主要步骤。在故障检测阶段，通过监控系统的性能来识别故障；在故障恢复阶段，通过冗余来恢复故障，避免系统功能失效，冗余的数量取决于故障的模式[39]。

许多研究者在提高物联网系统可靠性的机制和策略方面进行了研究，下面主要从物联网系统架构的感知层、网络层和应用层的容错机制 3 个方面进行总结和分析。

2.3.1　感知层容错机制研究

在物联网系统的感知层，通常有 RFID、各类传感器等终端设备采集数据。考虑到传感器节点在存储空间、能耗、处理能力和传输功率的限制，研究者们采取各种机制和策略，来提高感知层的可靠性。很多文献将感知层的容错机制分为 3 类：基于冗余、基于簇和基于部署的容错机制。

1. 基于冗余的容错机制研究

基于冗余的容错机制有路径冗余、时间冗余、数据冗余和节点冗余等。冗余不仅仅指具有多个相似的组件，这是空间冗余的一种形式，也包括时间冗余（多次重复动作）和数据冗余（增加额外信息）。空间冗余包括在几个磁盘、机器或数据中心存储数据，多个节点执行相同的计算，或通过不同网络路径发送信息。时间冗余通常在可靠的通信系统中进行研究，当怀疑消息可能在之前的传输中丢失时，就会重新传输消息。重新启动终止的事件也是时间冗余的例子。最后，数据冗余通常用在数据存储和通信系统中，这些系统使用与存储或传输的数据相对应的纠错码，当信息的某些位或部分出现损坏时，允许原始信息被重建[40]。

一些研究采用路径冗余的容错机制，如 Che-Aron 等人提出了一种增强的 AODV 路由协议（enhancement of fault-tolerant AODV，ENFAT-AODV）[41]。该方案为网络中的每个节点创建并实现一条备份的路由方案。当一个节点通过主路由传输数据包失败时，在下一个数据包传输时，立即使用备份路由，并使其成为新的主路由，以此减少交付数据包的丢包问题，从而保证在节点或链路出现故障时，保持数据包传输的连续性。为提高传感器网络的容错能力和使用寿命，Halder 等人提出了一种容错负载均衡方案（fault tolerant load balancing scheme，FTLBS）[42]。该方案将整个传感器网络组织成组，提出了多路数据传输的容错技术，并通过改变组的大小以平衡传输的负载大小。根据节点的适应度动态选择路由，即使在有故障的网络中，该方法也能以最小的延迟有效地传输数据。

部分的已有研究采用时间冗余的容错机制，如 Lee 等提出一种适用于无线传感器网络的分布式故障检测算法[43]。故障传感器节点的识别是基于相邻节点之间的比较和每个节点所做决策的报文。时间冗余是用来容忍瞬态故障的通信，为了消除时间冗余方案中所涉及的延迟，使用滑动窗口来存储之前的比较结果。实验表明，在大的故障率范围内，对于具有永久性故障的传感器节点，具有较高的识别精度，而大多数暂态故障的容错能力几乎可以忽略。

一些研究采用节点冗余的容错机制，如 Qiu 等提出一种新的无线传感器网络的能量感知容错机制（informer homed routing，IHR）[44]。在该机制中，感知节点不同时向主簇头和备份簇头发送数据信息，仅在主簇头节点发生故障时发送数据给备份簇头。因此，该机制既降低了能耗，又能保证簇头节点失效时的数据发送。Korbi 等提出一种机制来保证无线传感器网络的容错能力，同时保证网络的覆盖和连通性[45]。该机制提出在节点即将失效之前，立即进行替换。在无法替换即将失效的节点情况下，提出了一种快速重路由机制来转发，最初通过即将失效节点路由的数据包。即将失效节点替换的数量取决于节点冗余的阈值和网络密度。此外，与传统路由算法相比，快速重路由机制降低了网络中的丢包率。

部分的已有研究采用数据冗余的容错机制，如朱晓娟等提出一种基于簇的逐跳自适应的前向纠错码的丢包回复机制[46]，以提高煤矿物联网的可靠性和实时性。

2. 基于簇的容错机制

簇机制是有效解决感知层中传感器节点容错的机制之一。利用簇机制可以实现节能和对网络的控制。簇机制可以实现局部通信，簇头节点接收簇成员收集的数据，并将数据转发给基站；另外，成员节点也可以以多跳的方式将数据发送给基站。节点的故障是不可避免的，因此，很多已有的研究都提出了基于簇的容错机制。

在基于簇的容错机制中，一些研究通过监控机制实现容错，如 Lai 等提出基于簇成员的容错机制（cluster-member-based fault-tolerant，CMATO）[47]，使用簇成员节点的监听功能来监控簇头活动。在 CMATO 中，簇成员通过监控其与簇头的链路来监控故障的簇头。另外，该机制也能处理多个簇头节点同时失效的情况。仿真结果表明，该机制在故障覆盖和能量消耗方面具有更好的性能。Khan 等人提出一种基于区域的 WSN 容错管理体系结构（zone-based fault-tolerant management architecture，ZFTMA）[48]。为了使资源利用率最小化，将网络划分为 4 个区域。每个区域由区域管理器节点（zone manager node，ZM）监视。ZFTMA 实现了 4 个层次的故障管理，包括自管理的簇头轮转、感知节点故障监控、簇头节点故障监控和故障恢复。每个簇头节点持续监控其剩余的能量水平，感知节点的故障由簇头节点监控。区域管理器节点监控簇头故障，并在其监控区域内启动簇头故障恢复。Rong Duh 等提出一种分布式容错事件区域检测算法[49]。该算法可以识别出故障和无故障的传感器，忽略异常读数，避免误报。此外，还可以检测和识别每个事件区域。在该算法中，簇头发送区域信息给基站，基站识别异常区域和误报。仿真结果表明，均匀分布下，故障检测的准确率大于 92%，误报率接近 0%，事件检测准确率大于 99%。在传感器故障概率小于 0.3 的随机分布下，故障检测准确率大于 92%，误报率小于 1.2%，事件检测准确率大于 88%。Gupta 等人提出了一种基于簇间监控机制的容错簇方法[50]。该方法通过定期检查网关状态来实现容错，根据簇期间创建的备份信息将有故障的网关管理的感知节点重新关联到其他簇，可以恢复感知节点。

在基于簇的容错机制中，部分的已有研究采用选举的方式实现容错，如 Karim 等提出一种能耗有效的动静态容错簇协议（fault tolerant dynamic static clustering，FT-DSC）[51]。在该协议中，簇头节点在分配给感知节点时隙中，如果收不到数据，则认为感知节点失效；基站设置定时器，在指定的时间到后，如果接收不到簇头的数据，则认为簇头失效。在每一轮传输结束时，指定能量最大的节点承担簇头。仿真结果表明，FT-DSC 协议比动静态簇（dynamic static clustering，DSC）协议在可靠性和能耗方面具有更好的性能。Bari 提出一种具有容错能力的分层传感器网络结构[52]，其中一些具有更高功率的中继节点被用作簇头。在给定传感器网络中传感器节点的分布时，找到放置最少中继节点的位置，使每个传感器节点至少被一个中继节点覆盖。此外，为实现可靠的数据通信，中继节点需连接到网络，并能容忍节点的故障。因此，提出了一种新的综合整数线性规划算法，与现有算法不同的是，该算法不仅能找到合适的中继节点部署策略，而且能将传感器节点分配到相应簇中，确定出负载均衡的路由方案。该机制不仅保证了传感器节点和中继节点所需的容错需求，还通过限制中继节点的最大能耗，保证了网络寿命。

一些研究采用多级的簇机制实现容错，如 Kumar 等为同构传感器网络，提出了一种灵活、多级的簇机制[53]。该机制的目的是提供以下特性：可扩展性、容错、负载均衡、高能效和多层次簇。功能委托协议用来提供容错能力。研究从不同的角度，对所提的算法进行了性能评估。仿真结果表明，该算法在性能和能效方面很有前途。文献［54］提出了两级簇容错协议（fault-tolerant two-level clustering protocol，FTTCP），其中每个簇成员节点可以分别识别其簇头的故障。为了降低能耗，每个簇成员采用分布式识别过程，通过簇头节点重复发送的心跳信息进行故障识别。为了恢复故障的簇头节点，备份的节点作为新的簇头节点，新的备份节点依据感知节点的剩余能量选择。仿真结果表明，该协议在恶劣环境下具有较高的故障识别精度，消耗的能量更少。文献［55］提出一种分布式容错簇路由算法（distributed fault-tolerant clustering and routing，DFCR）来降低能耗和实现容错。该算法针对簇头节点突发故障导致成员节点的故障，采用分布式恢复方法。文献［56］提出了改进的分布式容错簇算法（improved distributed fault-tolerant clustering algorithm，IDFCA）。IDFCA 技术通过引入层次的簇头选择过程来降低能耗，克服了节点的故障。该方案延长了网络的寿命。

在基于簇的容错机制中，一些研究通过基于框架的算法实现容错，Chang 等人提出一种基于模糊逻辑方法进行故障检测与诊断[57]。同时，开发了一种基于通信框架的故障检测、隔离和恢复算法，并说明了该模型在故障节点诊断中的工作原理。通过基于模糊知识的控制方法来诊断传感器节点之间的通信故障，提供故障检测和隔离，消除错误通信行为节点对传感器网络的影响。此外，该算法还考虑了节点容错行为，保证在一定数量下共享错误数据的故障节点在网络中可以被容忍和消除，从而保证了无线传感器网络中数据融合从合适的汇聚节点采集可靠的数据。Brust 等人将簇的聚类系数作为衡量无线传感器网络容错能力的一个局部因素，在拓扑结构中，通过增加和删除通信链路来提高簇的聚类系数[58]。拓扑的变化会导致网络失效。结果显示，簇的聚类系数与容错能力密切相关，提出的方法可以用于分析簇的聚类系数与容错能力之间的相互关系。Elsayed 等人提出了一种分布式自修复方法（distributed self-healing approach，DSHA）来检测、诊断和响应 WSN 中的硬件故障[59]。该方法提高了无线传感器网络的可靠性和性能，在两个级别（簇头级别和节点级别）上分为 4 个核心阶段（初始化/部署阶段、计算阶段、故障检测阶段、故障诊断和恢复阶段）。实验结果表明，DSHA 在故障检测和诊断方面具有较好的效率，提高了网络的使用寿命。Evcimen 等人首次将分布式自稳定支配集算法用在无线传感器网络领域，并进行性能评估[60]。文献［61］提出了 ECraft 框架。该框架提高了节点级和通信级的容错能力。自检测技术、组检测技术和层次检测技术同时应用于故障检测和故障恢复。文献［62］提出了一种提高容错质量、降低网络能耗的高效节能容错管理框架（energy-efficient fault tolerance，EFT）。该框架可以接受任何缺乏容错能力的协议，并将其作为输入集成到管理框架。管理框架的输出与获得容错的输入协议完全相同。EFT 框架的缺点是在簇头节点的恢复阶段没有使用预复制机制。文献［63］中构建了一种基于正六边形的簇机制，分析了该机制的可靠性，并提出了一个无标度的拓扑演化机制（scale-free topology evolution mechanism，SFTEM），该方案改进了容错和入侵容错的能力。

在基于簇的容错机制中，部分已有研究采用备份的方式实现容错，如文献［64］提出采用备份簇头节点列表的簇头容错机制。在该机制中，通过将节点的剩余能量、节点度，以及节点与邻居节点的距离之和作为模糊推理系统的输入，从而输出节点成为簇头的机会值。根据机会值形成备份的簇头节点列表，从而确保成员节点能发送数据给簇头节点。文献［65］中提出了一种基于簇的容错技术，为每个簇头选择一组备份节点，该技术的关键在于将遗传算法应用于备份节点覆盖区域的集合中，包含故障节点的感知区域。研究还考虑了剩余能量、距离、链路质量、覆盖区域、丢包率和故障检测定时器等参数。仿真结果表明，该方法在降低时延的前提下，使系统的能量和丢包率最小化。基于粒子群优化的不等容错簇协议（particle swarm optimization-based unequal and fault-tolerant clustering，PSO-UFC），该协议考虑簇的不均衡和容错。为了解决热点问题，该协议考虑将一个额外的簇头作为簇头节点的次簇头。仿真结果表明，该协议在网络寿命和总能耗方面有较好的性能[66]。文献［67］中提出了容错能量有效的簇算法（fault tolerance and energy-efficient clustering，FTEC）。为了检测和恢复簇头、成员节点的故障，选择一个节点作为备份簇头，采用加权中值法对簇节点的故障进行检测和恢复。为了恢复故障，将故障节点隔离并将相邻节点从休眠模式切换到唤醒模式进行替换。该协议改善了能耗，提高了容错能力。

3. 基于部署的容错机制

感知节点的有效部署可以有效达到网络设计目标。感知节点的部署策略分为：部署前、部署中和部署后。节点部署后，由于感知节点的失效或其他情况，网络的拓扑会发生改变。网络的连通性也会因噪声、其他干扰而发生改变。因此，拓扑控制通过降低通信链路的数量，降低路由冗余的程度。

在基于部署的容错机制中，一些研究基于拓扑部署来实现容错，如 Sitanayah 等人认为在网络设计和运行的不同领域都可以实现容错，包括介质访问控制层和初始拓扑设计。为了对故障具有健壮性，MAC 协议必须能够适应流量波动和拓扑动态。因此，提出 ER-MAC 机制，该机制可以从正常监测的节能运行切换到可靠、快速的应急监测交付，反之亦然。同时还可以优先处理高优先级的数据包，并保证来自所有传感器节点的数据包公平交付。拓扑设计通过确保在发生故障时，有可接收的数据接收器路由来实现容错。同时本书提供了 4 种拓扑规划问题的解决方案：附加中继部署、附加备份部署、多 Sink 部署，以及多 Sink 和中继部署。解决方案使用一种基于贪婪随机自适应搜索过程的局部搜索技术，实现容错和最优化。最后，利用 ER-MAC 对数据采集过程中各拓扑的容错性进行了评估。该方案指出 MAC 协议和拓扑规划可用于不稳定环境中无线传感器网络的容错[68]。在无线传感器网络中，所有的传感器节点具有相同的失效概率。因此，传感器网络中数据传输具有内在的缺陷和不可预测性。大多数传感器网络应用需要将数据可靠地传输到 Sink 节点，而不是点对点的可靠性。因此，为分布式传感器网络应用提供容错技术至关重要。Rehena 等人提出一种针对数据传输过程中网络某一区域节点失效的恢复机制。该机制动态地寻找新节点，将数据从源节点路由到 Sink 节点。该机制不用考虑某一地理区域的失效，即可方便地集成到数据传输机制。该机制主要针对多 Sink 的分区网络，当发现没有可用的转发节点时，可以快速地从它的 1 跳邻居列表中选择备选节点，并建立从源节点到 Sink 节点的路由[69]。

已有的一些研究基于拓扑控制来实现基于部署的容错，如 Rong 等人通过分析节点属性对拓扑容错的影响，提出了一种新的容错度量指标——容错度，以及一种自适应容错拓扑控制算法来合理分配网络资源[70]。容错拓扑的研究大多集中在图形结构特性上，而忽略了传感器节点的某些属性对拓扑容忍度也同样起决定作用。该算法选择容错度较高的节点作为骨干节点，每个骨干节点都有备份节点，以提高网络的性能，包括能效和容错能力。理论分析和仿真结果表明，该算法对网络容错拓扑的构建和维护是有效的、可靠的。Geeta 等人基于电池功耗和干扰模型，提出一种活动节点的容错算法。通过切换机制实现对低电量的容错，故障节点选择相邻的最高电量节点，将故障节点要执行的所有业务转移到所选的相邻节点。动态功率调整机制通过将时隙分配给所有相邻节点来实现对干扰的容错。如果某个特定节点希望传输感知的数据，它将进入活动状态，并以最大的能量传输数据包，否则它将进入休眠状态，其能量足够小到只能接收 hello 消息并维持网络连通性。仿真结果表明，该算法在数据传输率、恢复时延，以及内存和控制开销方面较优[71]。Bhajantri 等人提出两种模型用于故障检测和故障恢复，以实现拓扑的容错。在两种模型中，故障检测模型用于检测节点级故障（检测节点能量）和网络级故障（链路故障和数据包错误）；故障恢复模型通过调整随机部署的传感器节点拓扑结构来实现容错[72]。

2.3.2　网络层容错机制研究

网络层中的通信基础设施是用于满足物联网应用可靠性要求的一个主要构件。设备可以直接通过无线通信（如数字蜂窝网络包括 GSM、UMTS 和 LTE），或有线连接（如 DSL、ADSL、有线网络等）连接到互联网，但通常这些设备更多地连接到一些本地基础设施（如 PAN、LAN 等），并通过一个或多个网关连接到 Internet。时分多址模式（time division multiple access，TDMA）已被广泛应用于各种有线网络协议中，以保证通信的可靠。在物联网中，设备之间要建立可靠的连接，路由是特别重要的。由于链路不可靠，本地基础设施的内部路由很容易出错，特别是在无线基础设施中。

为了提高网络层的可靠性，研究者提出采用多路径路由。如 Wagenknecht 等人认为，对于一些关键的任务，可靠性是一个非常重要的特性。因此，提出基于 IP 组播和覆盖组播的解决方案，并讨论了两种不同方案的优点及局限性[73]。Bryant 等人提出一种 IP 快速重路由框架[74]，该机制通过调用本地确定的修复路径，实现对链路或路由器故障的恢复。与 MPLS 快速重路由不同，该机制适用于使用传统 IP 路由和转发的网络。即使存在故障路由节点，也能保证信息及时可靠地在互联网上传输。此外，在众多的物联网应用中，采用组播与发布者/订阅者相结合的路由，将优于基于客户–服务器的通信模式。在该模式下，服务提供者就不需要同时处理多个请求，可以在大部分时间采用省电睡眠模式。既可提高网络通信的可靠性，又可节省网络的能耗[38]。

近年来，研究者提出通过网关的冗余来提高网络层的可靠性，如 Deru 等人为解决物联网中一些关键任务的可靠性需求，排除单点故障的存在，将传感器网络连接到 Internet 网关，提出通过网关的冗余来解决关键任务部署，并讨论利用现有标准来启用冗余网关同步；同时还提出包含多个网关的创新网络架构，用于处理冗余和节点移动性，以提高系统的可靠性[75]。James 等人针对网络层中接入的传感器、执行器等设备在带宽、处理能力的限制，无法响应大量的查询请求，并且可能存在一个地址上所有 Internet 主机都无法访问的问题，提出可以通过在网络中引入具有更强计算能力和高宽带的互联网接入能力的网关，来响应所有的查询，将来自传感器的信息复制给潜在的用户，并制定响应网关的标准，以提高网络层中信息传输的可靠性[76]。

2.3.3　应用层容错机制研究

针对物联网应用层容错机制相关的研究，文献［76］指出，为提高应用层的可靠性，为运行的设备提供正确运行的标识，可解决不可观测的故障问题。同时，应用层最终用户可通过过滤不必要的细节和重复信息，关闭或更换系统操作不正确的部分，实现系统的可靠性。

服务发现机制支持系统的实现，可以用来实现应用层的冗余。Guinard 等人提出面向服务的体系结构方法，通常用于重量级企业 IT 系统的一些功能，正逐渐适用于嵌入式真实世界的设备，即以嵌入式处理和通信为特征的物理世界。在这样的基础设施中，由大量联网的、资源有限的设备，服务的发现和按需供应的功能面临重要挑战。因此，Guinard 等人提出一个流程和一个合适的系统架构，使开发人员和业务流程设计人员能够动态查询、选择和使用实际服务的运行实例[77]。

Mockford 等人提出 Web 服务遵循传统万维网的架构，即服务器提供服务给未知的客户端用户。该模式是否适合于物联网的可靠应用仍然存在疑问，由于物联网中的节点在处理能力及能耗方面的限制，因此，使用网关连接一组局部设备，并提供面向万维网的 Web 服务则更适合[78]。

2.4　物联网中数据质量的保障机制

Karkouch 等人对物联网系统中增强数据质量的相关研究进行综述[79]。他们提出在物联网系统中，收集的数据来自部署的智能物品。数据是制定科学决策和提供服务的基础。如果数据质量差，则决策可能是不合理的。数据质量是获得用户参与和接收物联网提供服务的关键。影响物联网数据质量的主要因素有以下几方面。

① 部署范围。物联网被期望部署在全球范围，这就导致数据源不仅来自计算机，而且来自普通物体，大量的数据为出错创造了机会。

② 资源限制。物联网中物品（如 RFID 标签，传感器节点）面临严重的资源缺乏（在能耗、存储方面），它们的计算能力和存储能力不允许进行复杂的操作。另外，它们通常是电池供电的，而电池一般不能更换。

③ 网络。物联网的间歇性连接中断相当频繁。物联网是基于 IP 网络的，面临更多的限制和高的丢包率。

④ 传感器。传感器由于成本的限制，精确度较低。故障的感知节点会导致数据感知的不一致。另外，极端的冷、热气候，会导致测量装置失效。

⑤ 环境。传感器设备不仅部署在适宜的环境，事实上还部署在极端的环境，后期的维护是不可能的。因此，传感器会出现功能失调或不稳定。

⑥ 外部破坏因素。物联网中的设施对来自外界的威胁是无防备的，部署在大自然中的设施很容易受到来自人为或动物的破坏，这将导致传感器失效。

⑦ 传感器节点误读。传感器节点会出现在失效情况下继续发送错误读数的情况。

⑧ 隐私保护。

⑨ 安全攻击。传感器设备由于资源限制，很容易受到安全攻击。

⑩ 数据流处理。智能物品收集的数据在特定的情况下，经数据流处理员操作后可能会影响数据的质量。

与传统的互联网相比，物联网数据来自事物而不是人。为了避免低数据质量造成的巨大后果，需要对数据预处理和提高其质量的技术。本节给出了 5 种主要的数据质量（data quality，DQ）增强技术，即离群值检测、插值、数据集成、删除重复数据和数据清洗。

2.4.1　离群值检测

在离群值检测过程中，发现那些认为与正常值不同的元素。其最终目标是抑制或突出异常值。一方面，被认为是不可靠的或及其怀疑的异常值被发现，就可以采取进一步的操作抑制发现的异常值，如删除不可靠的元素。另一方面，在寻找特定域的数据集中潜在的罕见事件和模式时，会突出异常值，如飓风分析。

离群值检测通过提高数据集的一致性来提高它们的整体质量。此外，离群值检测是处理不可靠读取数据质量问题类实例的第一阶段。事实上，数据清洗处理采用抑制已发现的异常值的方法以增加数据质量。因此，数据处理结果的准确性和可靠性也得到了提高（更合理的决策）。值得注意的是，单个数据项本身的准确性并没有提高，因为它只与数据来源有关，而不能通过数据处理操作来提高。离群值检测技术中使用的指标侧重于突出数据值之间的差异，以识别异常值。没有一种技术使用突出处理数据集中内在 DQ 的指标，即使用 DQ 维度或属性评估来识别离群值。

2.4.2　插值

插值包括基于其他可用的值来推断缺失值。在数据流的上下文中，它表示对缺失的数据流属性或元素（由于传感器故障或连接丢失）等的估计。数据点插值的方法包括线性插值、多项式插值等。

缺失的值表示关于用户感兴趣的某个实体或现象的可用数据中的缺口。由于知识推导过程使用这些数据集作为输入，这些差距也可能导致知识不完整或错误决策，这意味着缺失值可能导致数据质量下降。此外，用户定义的规则可以指定数据输入大小（数据量）的阈值或对数据处理的 Null 值数量（完整性的约束），为了继续后续阶段的数据处理，应该满足这些条件。由于不接收请求值的情况并不少见，因此，可以使用插值方法来满足用户要求。例如，提供预测的数据项来代替丢失的数据项，并且通过推断缺失值来克服。实际上，插值是一种数据生成方法，因此，它确实提高了数据量 DQ 维度。然而，插值对 DQ 维度的完整性具有相反的影响，根据定义，DQ 维度的完整性是指所考虑的流窗口中非插值项目与所有可用项即非插值和插值数据的比率。这种情况可以被描述为一个优化问题，应该解决该问题以在满足用户定义的 DQ 要求的约束下找到这两个 DQ 维度之间的最佳折中。此外，选择插值技术时要考虑的一个重要因素是插值的准确性。

2.4.3　数据集成

物联网数据来自智能对象的异构环境。为了被使用，这些数据需要克服它们的结构差异，才能真正实现有利于无处不在的服务。基于语义的集成方法属于物联网的语义愿景，旨在使物联网传感器数据的集成和互操作性更容易实现。开放地理空间联盟的传感器网络支持计划和万维网联盟的语义传感器网络孵化计划都提出了一个套件指定标准化机制的组件和服务，以确保传感器数据易于理解和具有高效的互操作性。这些组件包括本体、注释、元数据、Web 服务接口等。此外，资源描述框架和 Web 本体语言等框架正在提供标准化的一种描述数据的机制，以使搜索、检索和处理等任务更加直接。此外，关联数据是一种非常有前途的方法，可以简化物联网中的数据集成和检索，如使用关联数据原理和语义网络技术的语义数据集成框架。其他方法包括构建中间件以抽象底层物理传感层并简化数据集成，如 OpenIoT 项目和全球传感器网络 GSN 项目。

数据集成解决方案主要侧重于解决各种数据流之间的表示不一致的问题。此外，它们提供通过抽象异类对象规范和具有统一接口来搜索、检索和处理数据的普遍应用程序来提高数据的可解释性。例如，通过使用注释及其互操作性的方法。

2.4.4 删除重复数据

删除重复数据是一种数据压缩机制，旨在通过删除重复数据项并将其替换为唯一剩余的副本来减少数据量，从而减少数据处理的资源消耗。在特定物联网的上下文中，需要考虑使用视频重复数据删除技术来保护隐私。此外，还需要考虑在云存储加密数据时使用重复数据删除技术。删除重复数据是一个非常简单地删除冗余数据项的过程。因此，它主要是减少影响 DQ 维度的数据量。

2.4.5 数据清洗

数据清洗、数据采集、查询处理和数据压缩是数据生命周期的一部分。它代表了数据处理中的一项重要任务。数据清洗不是特定于物联网上下文的新流程，而被定义为数据库系统的过程，由 3 个主要阶段组成：确定错误类型、识别潜在错误和纠正已识别的（潜在）错误。在数据仓库的背景下管理企业数据是很常见的。数据清洗在"面向物品"的物联网观点下得到了广泛研究。虽然离群点检测仅限于发现检测离群点，但数据清洗可更进一步地删除发现的元素。一般来说，数据清洗技术在处理特定问题（不可靠和丢失读数的 DQ 问题类实例）方面比异常值检测和插值有更广泛的应用。事实上，数据清洗技术通常包含用于插值和异常值检测的内置功能，因此会影响受两个子组件影响的所有 DQ 维度。值得注意的是，虽然大多数受影响的 DQ 维度得到了增强，但对某些 DQ 维度的影响是消极的，如插值降低了数据的完整度，因为特定的 DQ 维度之间存在折中。

此外，尽管现有应用程序通常确实在其逻辑内实现了数据清洗的内部机制，并考虑了数据的不可靠性，但它们对数据清洗的支持是有限的，并且增加了开发和部署成本，以及后期处理开销。提供数据清洗系统将帮助应用程序专注于其核心逻辑，而无须担心数据可靠性的后期处理开销。

2.5　感知数据的可靠性保障机制研究

数据质量是保证物联网应用程序可靠的重要属性。从 2.4 节影响物联网数据质量的十大主要因素分析可以看出，其中②④⑤⑥⑦都跟感知节点相关。确保物联网系统感知层中感知节点数据的质量和可靠性，是保障物联网系统可靠性的基础。提高感知节点数据质量和数据可靠性的机制可分为两种：基于监督的机制和无监督的机制。

2.5.1　基于监督的机制

基于监督的机制包括基于特征的推理机制和基于认知的模型，主要通过贝叶斯推理、DS（Dempster/Shafer）证据理论、卡尔曼滤波、人工神经网络、模糊集理论等方法实现。

（1）贝叶斯推理

贝叶斯推理技术将似然模型应用于收集到的数据，对观测到的数据进行推理，甚至对未观测到的数据进行洞察。在这个过程中，似然模型起着关键作用，因为它描述了在给定参数值的情况下，观测数据发生的可能性。这种方法允许根据已知信息和新的观测数据来更新参数或未知量，以获得更准确的后验分布。贝叶斯推理可用于解决感知数据有效收集的问题。Hartl 等人提出使用贝叶斯推理技术来感知远程区域信息，以推断处于睡眠模式节点的值，将贝叶斯推理用于每个感知周期中，从不活跃的节点中推断缺失的数据。结果表明，该算法能有效降低能耗，提高精确度[80]。文献［81］指出在无线传感器网络流数据环境中，从用户的角度来看，数据的可靠性是一个重要的问题。恶劣的环境条件、无线介质的干扰及低质量传感器的使用都会影响可靠性。由于这些因素，传感器产生的数据可能会被损坏，导致异常值和缺失值的产生。因此，提出一种基于贝叶斯网络的离群点检测方案，该方案通过捕获属性观测值之间的条件依赖性来检测传感器流数据中的离群点。

（2）DS 证据理论

DS 证据理论主要用于处理多源数据集的不确定性问题。作为一种不确定推理方法，DS 证据理论最大的优点是可以整合相互矛盾的证据，而不用考虑这些证据是直接还是间接收集的。文献［82］针对无线传感器网络中行为不端的节点，提出一种基于 DS 证据理论，结合多邻居节点观测结果的不端行为评价方法。文献［83］针对工业无线传感器网络感应电机的故障诊断系统，提出了传感器特征提取和故障诊断方法，探讨了基于协调器的 DS 分类器融合算法，以提高诊断结果的质量。实验结果表明，基于传感器的特征提取和故障诊断可以有效地减少有效载荷传输数据，降低节点能量消耗；同时，DS 分类器融合与单独使用局部神经网络分类器相比，可显著提高故障诊断的准确性。

（3）卡尔曼滤波

卡尔曼滤波是一种基于最优估计的方法，用于解决感知数据质量问题。文献［84］为解决数据查询中的错误问题，提高数据查询的准确性，提出一种基于卡尔曼滤波的不精确缺失数据校正算法来校正故障的感知数据。

（4）人工神经网络

人工神经网络需要一个训练过程，包括将输入信息映射到目标值或类。Moustapha 等人提出一种基于神经网络的传感器节点识别和故障检测方法[85]。在传感器网络的长期部署中，监测系统收集到的数据的质量是一个关键问题。在部署后，传感器会暴露在恶劣环境中，导致其中一些传感器出现故障或无法提供更准确的数据。如果没有检测到这种变化，传感器网络的可靠性就会大大降低。文献［86］提出一种分布式递归神经网络结构的学习方法，并在分布式场景中训练，用于故障检测。

（5）模糊集理论

模糊集理论通过简化系统中状态变量信息的表示和分类，使不精确的知识能够运用数学处理，模糊数据融合在数据感知中的应用是普遍的。Shell 等人将模糊数据驱动的数据融合方法应用到传感器网络数据集的故障检测中，该方法能够将故障从定义的数据集中隔离，从而减少故障检测中的不确定性和误报现象[87]。Khan 等人提出了一种基于模糊推理系统的无线传感器网络的故障检测方法[88]，将节点的传感器测量值近似为相邻节点的传感器测量值的函数，并且通过递归的模糊推理系统对节点进行建模，其中节点的测量值被近似为邻近节点的真实测量值和先前近似的节点本身值的函数。每个节点通过自身的模糊模型来识别传感器节点的故障。Manjunatha 等人提出了一种多传感器数据融合算法应用于环境监测中，将所有不同的传感器信号采集到簇头，基于模糊规则的方法进行融合。实验表明该算法提高了信息的可靠性和准确性，将误报率降至最低[89]。

2.5.2　无监督的机制

无监督的机制主要包括：统计分析方法、簇机制、主成分分析法和表决法。

无监督的数据处理技术主要用于感知数据的检测、过滤或校正。

（1）统计分析方法

统计分析方法可以用于实现数据质量的控制，保证数据的可靠性。文献［90］提出了一种实用的分布式统计异常检测算法来检测生态数据中的事件，识别测量的误差，并推断缺失数据。为了解决环境中的非平稳数据流，通过每个传感器节点的处理器学习自身和邻居之间的读数，以及与历史数据流之间统计分布的差异来实现。

（2）簇机制

簇机制将具有相似的信息节点整合成具有相同行为的组来识别异常值，从而实现监测数据的可靠。文献［91］为解决感知数据的无监督异常检测问题，每个节点通过距离相似来区分异常数据，并将异常数据传送到附近的节点进行确认。附近的节点重复这一过程，持续到整个网络最终获得全部异常数据。

（3）主成分分析法

主成分分析法主要用于许多相互关联变量的降维，并尽可能多地保持变量的多样性，可用于解决传感器节点故障引起数据不精确所导致的数据完整性等问题。Chatzigiannakis 等人提出了一种基于融合分布式无线传感器网络中不同节点数据的异常检测方法，主要解决受损或故障节点引起的数据完整性和准确性问题。以分布式的方式有效组合相关传感器数据，通过多个相邻传感器来发现异常数据。通过相邻网络区域的结果来检测涉及多个节点组的相关异常[92]。

（4）表决法

表决法可用于多个传感器数据的信息融合，通过多个传感器投票的方法获取的结果比单个传感器获取的结果更可靠。文献［93］提出了一种结合簇和概率密钥的表决法来解决感知数据的安全问题。Abid 等人提出了一种基于感知数据的表决法获取感知节点故障的检测方法[94]。

2.6　离群值检测方法

离群值检测方法分为两大类：单变量离群值检测方法和多变量离群值检测方法。每种离群值检测通过不同的方法来实现，本节将详细进行介绍。

2.6.1　单变量离群值检测方法

单变量异常值检测方法使用单个变量来查找异常值，如离群值可以是任何大于平均值 t 个标准差的点。下面详细介绍 5 种常用的单变量离群值检测方法。

（1）局部异常因子

检测异常值和更好地处理可变性的一种有效方法是使用基于密度或距离的局部异常因子（local outlier factor，LOF）算法。LOF 基于局部密度，其中局部性由 k 个最近邻给出，其距离用于估计密度。局部密度是基于一个点到它的邻居的距离，即从一个点到它的邻居的可达距离。点可达性与其 k 最近邻的局部可达密度的平均比率用作 LOF 分数。分数为 1 或更低表示正常值，但不清楚何时应将点视为异常值。例如，1.1 的分数可能是异常值，但仅从 LOF 分数很难辨别。在实际中，分数可能明显大于 1，并且有许多分数高于 1，因此，很难得出异常值阈值。

（2）Grubbs 检验

Grubbs 检验基于 Grubbs 检测异常值的程序。该检验由没有异常值的零假设和数据集中至少存在一个异常值的备择假设定义。该测试一次检测一个异常值，但多次迭代可能会改变检测概率。此外，使用 Grubbs 检验来寻找可接受的利用率偏差假设是正态的，这可能不适用于某些需要数据转换或对异常值使用检验的数据集是不同的情况。

（3）卡方检验

卡方检验是一种假设检验，其中检验统计量的抽样分布是卡方分布。假设原假设检验为真，通过创建观察数据的直方图并将这些观察到的频率与理论或预期频率进行比较来完成。具体地说，表示异常值的卡方分数是值与均值之间的差异平方除以方差。对于这些四分位数之间的任何值，分数始终等于 0，表示完全拟合，否则它们可能表示异常值。

（4）绝对中位差

Hampel 指标不依赖均值和标准差，而是用中值代替均值，用中值绝对偏差（median absolute deviation，MAD）量表代替标准差。这是另一种基于阈值的技术，其中 MAD 度量由公式（2-5）定义。异常值阈值由每个值与中位数的差值除以中位数绝对偏差得出。MAD 通常比其他基于阈值的方法更有效，因为它不太容易受到数据集中异常值的影响。

$$MAD = median(\,|\,x_i - median(x)\,|\,)$$
$$Threshold = (x_i - median(x))/MAD \tag{2-5}$$

（5）四分位差

标准箱线图规则使用数据集的四分位数来创建指定的阈值，并且较少受到异常值对数据集的影响。更具体地说，表示可能的异常值的上限和下限是通过四分位距计算的，如公式（2-6）所示。c 值通常为 1.5 或 3.0，表示异常值。

$$Threshold = (Q_1 - c \times (Q_3 - Q_1), Q_3 + c \times (Q_3 - Q_1)) \tag{2-6}$$

2.6.2　多变量离群值检测方法

（1）马氏距离

马氏距离（Mahalanobis distance）考虑了多元分布的数据规模，这些分布表示观察的概率。马氏距离与欧几里德距离相似，只是它沿着不相关的方向标准化了数据。这个距离考虑了每个变量的方差和变量之间的协方差，可以认为是每个观测值与所有变量分布中心或多变量空间中的质心之间的距离。马氏方法给出了从一个错误值到预测变量（自变量）所有观测值的质心的距离。一个大的距离表示一个观测值是由预测值定义的空间中的一个离群值。其基本思想是将数据转换成标准化的不相关数据，并从转换后的数据中计算普通欧氏距离，由此计算距离。公式（2-7）定义了马氏距离：

$$M = (Y_i - \overline{Y})^{\mathrm{T}} \times S^{-1} \times (Y_i - \overline{Y}) \tag{2-7}$$

式中：Y_i——m 个变量和 n 个实例（或观测值）的矩阵；

$\overline{Y}$——实例的平均值（大小为 m 的向量）；

S——大小为 $m \times n$ 的协方差矩阵。

马氏距离方法可以处理任何数据集，特别是在处理近似多元正态分布的数据时表现最好。如果数据不是多变量正态分布，平均值可能无法很好地表示数据的中心，或数据的总体趋势将无法使用方差作为扩散的度量来准确识别，这可能导致离群值的指定不准确。

（2）k-均值聚类

数据空间的划分有不同的方法，其中一种方法是 k-均值聚类。该方法在 m 个变量上选取 n 个观测值，并将它们划分为 k 个簇，每个簇的平均中心最近，即质心最近。目标是为每个数据点分配一个集群。k-均值聚类的目标是最小化数据点到聚类的距离，或者减少聚类内的方差，通过最小化平方误差函数来实现，如公式（2-8）所示：

$$J = \mathrm{argmin} \sum_{j=1}^{k} \sum_{i=1}^{n} \| x_i^j - c_j \|^2 \tag{2-8}$$

式中：J——目标函数；

k——簇的数目；

n——观测的数目；

x_i——i 的观测；

c_j——簇 j 的质心。

因为 k-均值聚类试图最小化簇内平方和，所以它总是给较大的簇赋予更多的权重。此外，k-均值聚类对数据进行了一些假设，包括以下内容：每个变量分布的方差都是球形的，这意味着 k-均值聚类在最小化簇内平方和时需要围绕平均值的点的球形分组，所有变量都有相同的方差，或者聚类的分布是相似的，每个簇的观测数量大致相等。如果这些假设中的任何一个不成立，k-均值聚类将不会按预期运行，产生误导性或不正确的结果。

2.7　讨论和总结

物联网系统的可靠性研究是当下研究的热点。目前已有不少研究者对提高物联网系统可靠性的机制、策略和提高感知数据的可靠性机制方面进行了相关的研究，取得了一定的成果，为解决物联网系统的可靠性问题提供了理论参考和技术指导。然而，结合特定的应用场景，采取必要的可靠性、容错方面的机制和策略，对物联网系统可靠性的研究仍然有补充和完善的空间。

① 指标之间存在相互影响的关系，单独进行讨论，具有一定的局限性。有必要充分考虑指标间的相互影响及权衡和折中的关系，设计优化的方案。节点部署中优化可靠性，是一个关键的研究问题。优化可靠性的常用方法是冗余部署，冗余部署会增加部署的成本。在保证可靠性的情况下，实现成本的优化有待研究。

② 基于簇的容错机制，可实现物联网系统感知层的可靠性。在基于簇的容错机制中，增加簇头节点的个数会提高物联网系统的可靠性，但会导致能耗的增加。充分考虑可靠性和能耗之间的折中关系，设计簇头节点的容错机制有待研究。

③ 确保物联网系统感知层中感知数据的质量和可靠性，是保障物联网系统可靠性的基础。部分已有的研究提出了一些机制和策略来解决感知数据的质量和可靠性问题，但在具体的物联网应用系统中，如何进一步提高具体机制和策略在感知数据的质量和可靠性方面的准确度和精确度有待研究。

④ 物联网监测系统中，冗余部署多个虚拟机，可提高应用层用户服务的可靠性，但势必增加物联网监控中心的能耗。充分考虑应用层用户服务可靠性和物联网监控中心能耗之间的折中关系，构建优化模型并进行优化问题求解有待研究。

第3章 物联网监测系统节点的优化部署及可靠性量化分析

3.1 本章引论

物联网技术是信息技术中的一个新领域，物联网被广泛地应用到环境、医疗、军事、交通、国家安全和智能空间等领域，越来越多行业运用物联网实现远程监测任务。图3-1给出了一个基于物联网的雾霾重点污染源监测系统的整体架构。这些应用需要可靠的网络来收集和传输数据，以防数据丢失。节点部署是一个多目标优化问题。传感器节点的部署在延长网络生存时间、提高路由有效性、保证网络连通性和增强网络的可靠性方面发挥着重要作用。数据采集的可靠性是物联网雾霾监测系统中一个非常重要的因素。然而，由于环境和人为因素的影响，监测系统会被中断。另外，传感器节点会发送一些异常的数据给基站。因此，设计一种节点部署机制来保证数据采集的可靠性是非常必要的。在很多情况下，由于远程传输网络没有固定的基础设施，会面临链路或传输路径失效及传输链路不稳定等情况。为了提高实际应用中远程传输系统的可靠性，选择最佳的冗余结构来保证数据传输的可靠性是非常必要的。

物联网中的节点部署主要研究如何根据应用需求设计部署方案，在监测区域的适当位置部署一定数量的节点，以全覆盖整个监测区域，满足部署网络所需的时间成本、网络的连通性、可靠性及能效性等方面的需求。在物联网中，节点的部署方式通常由特定的应用环境决定，常见的部署方式有两种：确定性部署方式和随机抛撒的部署方式[95]。网络的可靠性、网络的覆盖度、连通性、节点部署的费用及能量空洞等均是节点部署时需要考虑的约束条件和追求的目标。文献[96]提出了基于平均度约束的网络拓扑控制方法，该方法减少了保证网络连通性的工作节点数量，并简化了网络通信体系结构。文献[97]研究了无线传感器网络中能量空洞问题，分析了多对一通信模式下能量空洞问题的不可避免性，而且证明了网络中节点满足一定关系时，网络能实现次优能耗均衡，进而提出了一种节点非均匀分布策略和相应的路由算法用于实现这种次优能耗均衡。文献[98]

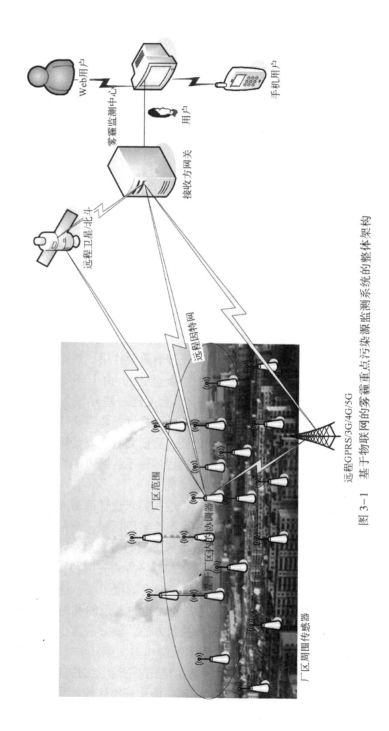

图 3-1 基于物联网的雾霾重点污染源监测系统的整体架构

提出无线传感器网络中实现全覆盖和 K 连通的部署模式。文献［99］针对格状三维立体无线传感器网络，提出了一组能在任意 R_c/R_s 比值下实现全覆盖和 K 连通（$K \leqslant 4$）的节点部署模式。文献［100］提出了在不同障碍物场景下，将待监测区域划分成相等宽度的单行和多行带状区域分别进行部署的方法。文献［101］提出了基于进化算法的多目标优化的无线传感器网络部署策略。文献［102］提出长带状区域采用串行和分行覆盖，以最小化节点数量来实现监测区域全覆盖的节点部署方案。文献［103］提出将覆盖宽度相等的节点串平行部署，即等分串部署的方法，完成给定区域的全覆盖；并给出了包括节点距离、串偏移、串距离等最优部署参数来实现带状区域密度的最小化。方旺盛等根据矿井巷道空间为线性空间，而已有的正多边形节点覆盖模型会受到巷道宽度的限制，导致节点冗余度高，提出了节点冗余度较低的等腰三角形部署方式[104]。通过已有研究成果发现，特定的部署策略可满足不同的目标需求。

在物联网数据传输可靠性研究方面，为了确保可靠性，往往采取重传和冗余机制。文献［105］针对不稳定的信息传输环境，给出了基于双倍冗余与重传相结合的远程传输主干可靠性保障机制，并进行量化分析。文献［106］提出在永久性故障发生时，基于故障树模型来评估无线传感器网络的可靠性和可用性的方法。文献［107］对基于多发送传输方案的链式拓扑结构的可靠性进行了分析。文献［108］从数据汇聚的角度，对基于簇结构的网络可靠性进行了量化分析。

本文以雾霾重点污染源监测为背景，提出了一种内外验证模块化节点部署机制来提高数据采集的可靠性；接着以可靠性框图模型，给出了均匀分簇的多级簇结构的可靠度量化分析公式；为保证远程传输主干系统的可靠性，给出了不同冗余系统下可靠度、系统失效前的平均工作时间的量化计算公式，并对四种不同冗余方式的特性进行了比较。从实验方面分析和讨论了所提出的节点部署机制、多级簇结构的可靠性，以及不同冗余系统的可靠度和系统失效前的平均工作时间。

本章余下部分的内容安排如下：3.2 节给出了节点部署所要解决的问题，3.3 节提出了内外验证模块化的节点部署机制和理论量化分析公式，3.4 节对不同冗余结构的远程传输主干可靠性进行量化分析，3.5 节给出了实验仿真结果和分析部分，3.6 节对该研究工作进行了总结。

3.2　问题描述

节点部署中优化可靠性是一个关键的研究问题。优化可靠性的常用方法是冗余部署。冗余部署会增加部署的成本，在保证可靠性的情况下，最小化成本是亟待解决的问题。本文提出一种内外验证模块化的节点部署机制，将监测区域分成内部和外部两个基本监测区域，由基本监测区域组成的节点部署如图 3-2 所示。图 3-2 （a）是节点部署的抽象图；图 3-2 （b）是节点部署俯视图。首先，对于内部监测区域，节点部署的目标是在保证连通性下实现监测区域覆盖的最大化。因此，主要问题是如何选择一种最优的节点部署模式来保证全覆盖和连通到 Sink 节点。其次，对于外部监测区域，主要解决监测系统中断及监测数据异常时反演的问题，节点部署必须实现成本的最小化，即最小化节点数量。因此，主要问题是如何选择一种最优的节点部署方法来最小化节点的数量。最后，主要解决如何使用可靠性框图模型来实现特定网络拓扑结构和远程传输系统的可靠性分析。

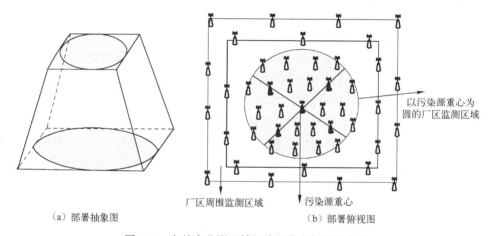

（a）部署抽象图　　　　　　　　　　　　　　（b）部署俯视图

图 3-2　由基本监测区域组成的节点部署示意图

3.3　内外验证模块化的节点部署机制与理论量化分析

本节提出了节点部署方法与理论量化分析，由三部分组成。在 3.3.1 节中，为实现内部监测区域的全覆盖和连通，提出了均匀分簇的模块化节点部署方法，对拓扑结构相关参数进行了分析和计算。在 3.3.2 节中，采用可靠性框图模型，分析了监测区域中多级簇结构的可靠性。在 3.3.3 节中，对于外部监测区域，提出了最小化节点数量的部署方式。

3.3.1　监测区域内部全覆盖的分析与计算

1. 均匀分簇的模块化节点部署方法

监测区域内部节点的部署采用模块化方法，以便于正常数据均衡融合，延长网络的生存时间，从而保证网络拓扑的可靠性。

定义 3.1　基本监测体（basic area，BA）：BA 是由 7 个相邻等距离的节点组成的正六边形监测区域,如图 3-3 所示。其中四周的节点用于数据监测,而不用于数据转发,以延长节点的寿命。BA 中间的节点与 6 个周边节点等距,它不仅可以监测数据,而且具备路由功能,可以转发数据。它充当簇头,从周围节点接收和转发监测的数据。

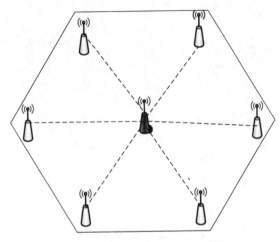

图 3-3　基本监测体 BA 结构图

定义 3.2　一般监测体(general area,GA):GA 定义为实际的监测区域,如果其监测区域的面积小于基本监测体 BA 的面积,则通过调整将基本监测体 BA 的中心节点与周围节点之间的距离等于实际监测半径;如果 GA 的监测区域的面积大于 BA 的监测面积,则通过 BA 进行密铺来实现,并保证正六边形的拓扑保持不变。

整个监测区域的节点部署采用单 Sink 多级簇的结构,整个监测区域唯一地配置一个协调器节点,作为整个监测区域的 Sink 节点,负责与监测区域网关之间的通信,称为一级簇头,离协调器最近的具有路由功能的节点作为二级簇头,由内至外依次作为三级簇头,四级簇头,……,N 级簇头节点。簇头节点和协调器节点具有汇聚和转发的功能,比普通监测节点作用更重要,被称为关键节点。在实际监测应用中,可以根据监测区域的半径合理地进行基本监测区域 BA 的再组合,同时要保证正六边形的拓扑结构不发生变化。二级簇头和多级簇头的结构如图 3-4 和图 3-5 所示。

2. 拓扑结构相关参数的分析与计算

在实际的应用环境中,假设所有的传感器节点都是同构的,传感器的通信半径为 R_c(根据产品说明书可以获得),同时设正六边形基本监测体的半径为 d,需监测区域的面积事先已确定为 S。

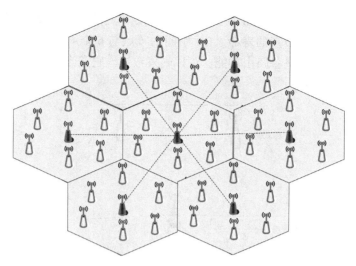

图 3-4　二级簇头结构图

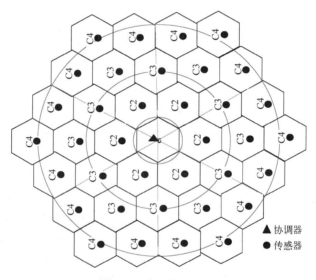

图 3-5　多级簇头结构

定理 3.1　设在监测区域内传感器的通信半径为 R_c，监测区域的面积为 S，则需要监测的拓扑结构的总层数 N 为：

$$N = \lceil \sqrt{3S/\pi}/2R_c + 1/2 \rceil$$

证明　要保证任意两个节点之间能通信，采用单 Sink 多级簇结构，单个簇内部传感器传送信息给簇头节点，然后感知数据传输由第 i 层簇头传送给第 $i-1$ 层簇头（$i = 2, 3, \cdots, k$），第一层簇结构表示位于中心的正六边形单元，即协调器节点 Sink 所在的单元。

在单 Sink 多级簇结构中，相邻簇头之间的距离为：

$$2 \times \sqrt{d^2 - (d/2)^2} = \sqrt{3}\, d$$

在整个基本监测体结构中，为了确保整个六边形区域周围节点与中心节点之间能通信，$R_c \geq d$；同时为了满足连通性，保证相邻层簇头节点之间的正常通信，$R_c \geq \sqrt{3}\, d$。则 R_c 取 $\max\{d, \sqrt{3}\, d\}$：

$$R_c = \sqrt{3}\, d$$

因此，为了确保网络的覆盖和连通性，正六边形的半径为：

$$d = \frac{\sqrt{3}}{3} R_c \tag{3-1}$$

由图 3-5 多级簇头结构图可得，层数与采样半径之间的关系如表 3-1 所示：

由此可得，层数与监测区域面积之间满足：

$$S = \pi \cdot \left[(2 \cdot N - 1) \cdot d \right]^2 \tag{3-2}$$

则层数由公式（3-2）可计算得：

$$N = \left\lceil \sqrt{S/\pi}/2 \cdot d + 1/2 \right\rceil \tag{3-3}$$

将公式（3-1）代入公式（3-3），层数 N 可计算得：

$$N = \left\lceil \sqrt{3S/\pi}/2 R_c + 1/2 \right\rceil \tag{3-4}$$

表 3-1　层数与采样半径关系表

层数（N）	采样半径
1	d
2	$3d$
3	$5d$
4	$7d$
$\vdots$	$\vdots$
i	$(2 \cdot i - 1) \cdot d$

性质 3.1　设 N 为监测区域内拓扑结构的层数，则总簇头节点的数量 N_{key} 为：

$$3N(N-1) + 1 \quad (N \geq 1)$$

设第 i 层的簇头节点数为 $N_{key(i)}$

$$\begin{cases} N_{key(i)} = 1, & i = 1 \\ N_{key(i)} = 6(i-1), & i \geq 2 \end{cases}$$

则

$$N_{\text{key}} = 6(N-1) + 3(N-1)(N-2) + 1, \quad (N \geqslant 1) \tag{3-5}$$

公式（3-5）化简后得

$$N_{\text{key}} = 3N(N-1) + 1 \tag{3-6}$$

在 3.3.2 节中，可靠性是节点部署中的一个重要指标。整个监测区域是一个多级簇结构，对其的可靠性分析，可采取将复杂系统分解成各个子系统，然后求各子系统的可靠性，最后再组合的方式进行。

3.3.2 监测区域内部簇结构的可靠性量化分析

从数据汇聚的角度考虑，多级簇结构可抽象成由基本监测体 BA（C_i）构成的串行结构，其可靠性框图如图 3-6（a）所示。

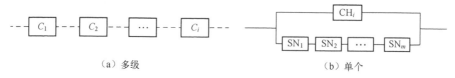

（a）多级   （b）单个

图 3-6 簇结构可靠性框图

其中，每个基本监测体 BA（C_i）由 1 个簇头节点 CH_i 和 m 个感知节点 SN_i（$1 \leqslant i \leqslant m$）构成的并行结构，其可靠性框图如图 3-6（b）所示。

定理 3.2 设多级簇结构中，基本监测体 BA 的个数为 k，每个基本监测体中簇头节点和感知节点的可靠性都是 R，每个基本监测体 BA 中感知节点的个数为 m，则多级簇结构的可靠性为：

$$(1 - (1-R)^{m+1})^k$$

证明 由图 3-6（b）可知，每个簇结构是由 m 个感知节点和 1 个簇头节点并联构成[109]，则基本监测体 BA 的可靠性

$$
\begin{aligned}
R_{\text{cluster}} &= 1 - \overline{R_{\text{CH}}} \prod_{i=1}^{m} \overline{R_{\text{SN}}} \\
&= 1 - (1-R) \prod_{i=1}^{m} (1-R) \\
&= 1 - (1-R)^{m+1}
\end{aligned}
\tag{3-7}
$$

整个内部监测区域由 k 个基本监测体 BA 组成，必须同时有效时才能确保内部监测区域的可靠性。因此，多级簇结构的可靠性

$$
\begin{aligned}
R_{\text{system}} &= \prod_{i=1}^{k} R_{\text{cluster}} = \prod_{i=1}^{k} \left[1 - (1-R)^{m+1} \right] \\
&= \left[1 - (1-R)^{m+1} \right]^k
\end{aligned}
\tag{3-8}
$$

为了提高监测系统的可靠性，利用传感器节点特性如覆盖范围广且价格低廉，可以在监测企业的外围部署传感器节点来实时监测周边空气质量，从监测污染结果反演出被监测企业的排污情况。在 3.3.3 节中，给出了外围监测区域的节点部署。

3.3.3 监测区域外围节点部署的分析与计算

1. 矩形区域一重等腰三角形覆盖的节点部署方法

首先外围区域监测，应该满足全覆盖的特点；其次节约成本，使得外围监测区域节点数量最少；在满足上述要求的前提下，将外围区域等效成由四块基本矩形区域组成，基本矩形区域的模型如图 3-7 所示。定义矩形区域的长为 L，宽为 W，面积为 S，$S=LW$，并且 $L \gg W$，并假设传感器的感知半径 $R_s > W$。

定义 3.3 邻距离（D）：邻距离指相邻两节点沿着矩形区域长度方向的水平距离。

定义 3.4 覆盖密度（ρ）：覆盖密度是指全部节点的覆盖面积之和与待覆盖区域的面积的比值。

$$\rho = \frac{N\pi R_S^2}{S}, \quad \rho > 1 \tag{3-9}$$

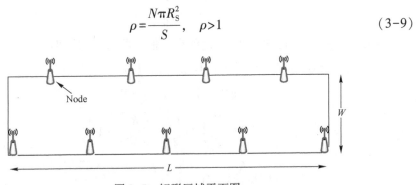

图 3-7 矩形区域平面图

定义 3.5 一重等腰三角形覆盖部署：在一重等腰三角形覆盖部署中，感知半径为 R_s 的节点是交错的沿着矩形区域的两侧放置，相邻的 3 个节点形成一个等腰三角形，如图 3-8 所示。

2. 拓扑结构相关参数的分析与计算

定理 3.3 设监测区域内传感器的感知半径为 R_s，节点数为 N_{ex}，长条状矩形区域的长为 L，宽为 W，在邻距离 $D=1.5R_s$，$R_s/W=2/\sqrt{3}$ 时，能实现等腰三角形一重覆盖，且节点数 N_{ex} 得最小值。

证明 要保证对长条状矩形区域的 1-重全覆盖，则

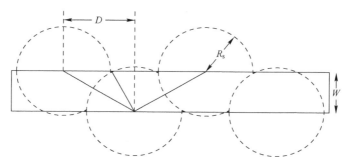

图 3-8 一重等腰三角形覆盖节点部署图

$$D = R_s + \sqrt{R_s^2 - W^2} \tag{3-10}$$

则覆盖长度为 L 的长条状矩形区域所需的节点数 N_{ex} 为：

$$N_{ex} = L / D \tag{3-11}$$

$$N_{ex} = L / (R_s + \sqrt{R_s^2 - W^2}) \tag{3-12}$$

由定义 3.4 可知，

$$\rho = \frac{N_{ex} \pi R_s^2}{LW} \tag{3-13}$$

由公式（3-13）可知，要求 N_{ex} 的最小值，即求 ρ 的最小值。

将公式（3-12）代入公式（3-13）化简可得

$$\rho = \pi R_s^2 / \left[W (R_s + \sqrt{R_s^2 - W^2}) \right]$$

$$= \pi \left(\frac{R_s}{W} \right)^2 / \left[\frac{R_s}{W} + \sqrt{ \left(\frac{R_s}{W} \right)^2 - 1 } \right] \tag{3-14}$$

$$\begin{cases} \min \rho \left(\dfrac{R_s}{W} \right) = \pi \left(\dfrac{R_s}{W} \right)^2 / \left[\dfrac{R_s}{W} + \sqrt{ \left(\dfrac{R_s}{W} \right)^2 - 1 } \right] \\ \dfrac{R_s}{W} > 1 \end{cases}$$

求导数可得，ρ 取得最小值，则

$$\frac{R_s}{W} = \frac{2}{\sqrt{3}} \tag{3-15}$$

将公式（3-15）代入公式（3-10）可得

$$D = 1.5 R_s \tag{3-16}$$

性质 3.2 设传感器的感知半径为 R_s，覆盖长条状长度为 L，宽度为 W 的矩形区域时，所需的节点总数 N_{ex} 为：

$$2L/3R_s$$

由公式（3-11）得

$$N_{ex} = L/D$$

将公式（3-16）代入公式（3-11）得

$$N_{ex} = 2L/3R_s \tag{3-17}$$

3.4　不同冗余结构的远程传输主干可靠性保障机制与量化分析

目前，物联网远程传输通信方式包括互联网、GPRS、4G/5G、微波和卫星通信等。在物联网监测系统实际部署时，要根据监测区域的实际通信状况来选择不同传输方式以提高远程传输主干的可靠性。例如，互联网和北斗或远程GPRS、4G和卫星通信进行传输。图3-9和图3-10是远程监测主干采取不同冗余时传输架构的可靠性框图，其中GW_M是监测区域网关，GW_C是监控中心网关，Rs_1，Rs_2，$\cdots$，Rs_n是传输链路，负责监测区域和监控中心网关之间的双向信息传输。

3.4.1　不同冗余结构的可靠性量化分析

1. 并联冗余系统的可靠性

并行冗余系统由n个部件并联组成，当n个部件都失效时系统才失效。图3-9表示并联冗余的可靠性框图，令第i个部件的寿命为X_i，可靠度为$R_i(t)$，$i=1,2,\cdots,n$。假定$X_1,X_2,\cdots,X_n$相互独立，则系统的可靠度

$$R(t) = 1 - \prod_{i=1}^{n}\left[1 - R_i(t)\right]$$

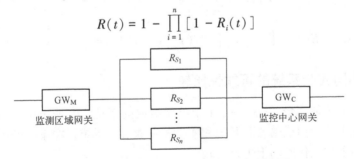

图 3-9　远程监测主干并联冗余可靠性框图

当$R_i(t) = e^{-\lambda it}$，$i=1,2,\cdots,n$则

$$R(t) = 1 - \prod_{i=1}^{n}\left[1 - e^{-\lambda it}\right] \tag{3-18}$$

系统失效前的平均工作时间，为系统平均能够正常运行多长时间，才发生一次故障，系统的可靠性越高，失效前的平均工作时间越长。

$$E(t) = \sum_{i=1}^{n} \frac{1}{\lambda_i} - \sum_{1 \le i \le j \le n} \frac{1}{\lambda_i + \lambda_j} + \cdots + (-1)^{n-1} \frac{1}{\lambda_1 + \lambda_2 + \cdots + \lambda_n}$$

$$(3-19)$$

2. 表决冗余系统的可靠性

n 中取 k 的表决系统由 n 个部件组成，当 n 个部件中有 k 个或 k 个以上部件正常工作时，系统才正常工作($1<k<n$)。即当失效的部件大于或等于 $n-k+1$ 时，系统失效。图 3-10 表示该系统的可靠性框图。假定 $X_1, X_2, \cdots, X_n$ 是这 n 个部件的寿命，它们相互独立，且每个部件的可靠度均为 $R_0(t)$。

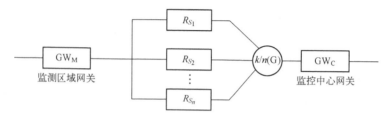

图 3-10　远程监测主干表决系统的可靠性框图

若初始时刻所有部件同时开始工作，则系统的可靠度为

$$R(t) = \sum_{j=k}^{n} \begin{bmatrix} n \\ j \end{bmatrix} P\{X_{j+1}, \cdots, X_n \le t \le X_1, \cdots, X_j\}$$

当 $R_0(t) = \mathrm{e}^{-\lambda t}$，则有

$$R(t) = \sum_{i=k}^{n} \begin{bmatrix} n \\ i \end{bmatrix} \mathrm{e}^{-i\lambda t}(1 - \mathrm{e}^{-\lambda t})^{n-i}$$

$$(3-20)$$

$$E(t) = \int_0^\infty \sum_{i=k}^{n} \begin{bmatrix} n \\ i \end{bmatrix} \mathrm{e}^{-i\lambda t}(1 - \mathrm{e}^{-\lambda t})^{n-i} \mathrm{d}t = \frac{1}{\lambda} \sum_{i=k}^{n} \frac{1}{i}$$

$$(3-21)$$

3.4.2　不同冗余系统的可靠性比较

现将以下 4 种冗余系统——①1 个单元组成的系统、②两个单元组成的并联系统、③三个单元组成的并联系统和④ "3 中取 2" 系统，在系统的可靠度和系统失效前的平均工作时间上进行比较。

1. 1 个单元组成的系统

$$\begin{cases} R(t_1) = \mathrm{e}^{-\lambda t} \\ E(t_1) = \dfrac{1}{\lambda} \end{cases}$$

2. 两个单元组成的并联系统

当 $n=2$ 且 $R_i(t) = \mathrm{e}^{-\lambda t}$，并联双冗余时，代入式（3-18）和式（3-19）则

$$\begin{cases} R(t)_{\text{dual-Parallel}} = 2e^{-\lambda t} - e^{-2\lambda t} \\ \text{MTTF}_{\text{dual-Parallel}} = \dfrac{3}{2\lambda} \end{cases}$$

3. 三个单元组成的并联系统

当 $n = 3$ 且 $R_i(t) = e^{-\lambda t}$，3-并联冗余时，则

$$\begin{cases} R(t)_{\text{tri-Parallel}} = 3e^{-\lambda t} - 3e^{-2\lambda t} + e^{-3\lambda t} \\ \text{MTTF}_{\text{tri-Parallel}} = \dfrac{11}{6\lambda} \end{cases}$$

4. "3 中取 2" 系统

当 $n = 3$，$k = 2$ 的系统中，代入式（3-20）和式（3-21）则

$$\begin{cases} R(t)_{\text{2-of-3}} = 3e^{-2\lambda t} - 2e^{-3\lambda t} \\ \text{MTTF}_{\text{2-of-3}} = \dfrac{5}{6\lambda} \end{cases}$$

3.5   仿真及结果分析

3.5.1   不同的节点部署机制下的总层数和总的簇头节点数

本节通过仿真软件来验证理论分析的结果。将论文提出的均匀分簇的模块化节点部署方法和文献［105］提出的正方形簇的节点部署方法在总层数和总的簇头节点数方面进行比较。式（3-4）和式（3-6）表明部署的总层数 N 和总的簇头节点数与监测区域的面积 S、传感器的通信半径为 R_c 相关。当传感器的通信半径 R_c 取值为 30 m，监测区域的面积从 0 到 70 000 m² 变化时，部署的总层数 N 如图 3-11（a）所示，总的簇头节点数如图 3-12（a）所示。然后，将传感器的通信半径 R_c 调整为 50 m，部署的总层数 N 如图 3-11（b）所示，总的簇头节点数如图 3-12（b）所示。

由图 3-11 可知，在监测区域的面积相同的情况下，论文提出的均匀分簇的模块化节点部署方法需要部署的总层数少于正方形簇的节点部署方法。由图 3-12 可知，在监测区域面积较小的情况下，均匀分簇的模块化节点部署方法需要的总的簇头节点数较多。然而，随着监测区域面积不断增加，论文提出的均匀分簇的模块化节点部署方法需要的总的簇头节点数较少。在大范围、全覆盖的物联网监测系统应用中，论文提出的均匀分簇的模块化节点部署方法可以有效降低网络部署和维护的成本。

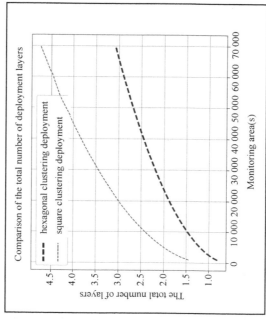

（a）R_c=30

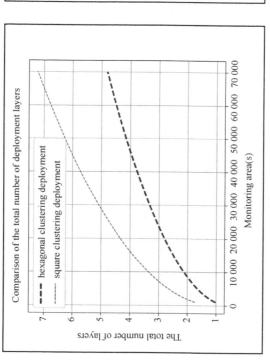

（b）R_c=50

图 3-11　不同节点部署方法下总层层数随监测区域面积的变化关系

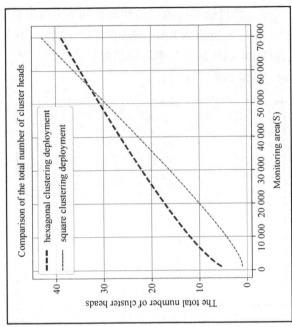

（a）$R_c=30$

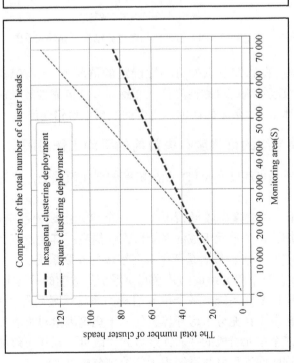

（b）$R_c=50$

图 3-12　不同节点部署方法下总的簇头节点随监测区域面积的变化关系

3.5.2　基本监测体的个数和多级簇结构的可靠性关系

由公式（3-8）可知，多级簇结构的可靠性与感知节点的可靠性、基本监测体 BA 的个数 k，以及每个基本监测体 BA 中感知节点的个数 m 有关。当 m 取值为 7，为分析基本监测体 BA 的个数 k 与多级簇结构可靠性的关系，k 分别取 10、20、30、40、50 和 60，结果如图 3-13 所示。

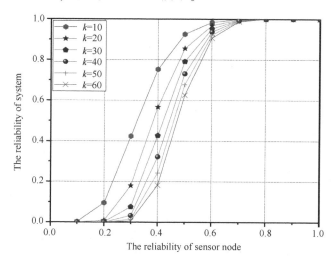

图 3-13　基本监测体 BA 的个数与多级簇结构可靠性关系图

由图 3-13 可知，在感知节点的可靠性确定的情况下，随着基本监测体 BA 的个数 k 增加，多级簇结构的可靠性降低，在感知节点可靠性较低的情况下更明显。由于基本监测体 BA 个数 k 的增加，更多的数据汇聚错误产生。

3.5.3　不同冗余系统的可靠度和失效前的平均工作时间

不同冗余系统下的可靠度和 MTTF 随故障率的变化而改变，其关系如图 3-14 和图 3-15 所示。

由图 3-14 可知，在故障率较低情况下，一个单元组成的系统可靠性较低，但随着故障率的增加，一个单元组成的系统可靠性提高，其次是三个单元组成的并联系统，"3 中取 2" 系统，最后是两个单元组成的并联系统。

由图 3-15 可知，三个单元组成的并联冗余系统失效前的平均工作时间最高，其次是两个单元组成的并联系统，一个单元组成的系统，最后是 "3 中取 2" 系统。因此，远程传输主干在充分考虑外界天气、干扰等因素对可靠性的影响，在选取时，尽量选择三个单元组成的并联冗余方式，既可以延长失效前的平均工作时间，又可以提高物联网远程监测系统主干传输部分的可靠性。

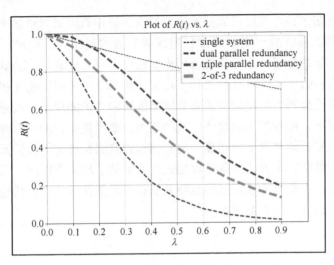

图 3-14　不同冗余系统可靠度随故障率变化关系

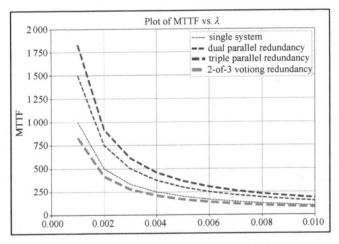

图 3-15　不同冗余系统 MTTF 随故障率变化关系

3.6　本章小结

　　本文提出了一种物联网远程实时监测中内外验证模块化的节点部署方法。为实现内部监测区域的全覆盖和连通，提出了均匀分簇的模块化节点部署方法，重点研究了该部署方式下所需的拓扑层数与实际监测面积、通信半径，以及拓扑层数与所需关键簇头节点总数之间的关系。在保障监测系统可靠性的情况下，实现成本的最小化，在外围矩形区域，提出了一重等腰三角形覆盖的节点部署方案。

重点研究了感知半径与矩形区域的宽度，节点部署相邻距离与感知半径之间的关系。对于外围矩形区域，该方案可实现部署节点的最小化。同时，对多级簇结构，以数据汇聚的思想，用可靠性框图模型给出了可靠性的量化公式；对不同冗余方式下远程传输主干的可靠性进行了比较。仿真结果表明，论文提出的均匀分簇的模块化节点部署方法可以有效降低网络部署和维护的成本。在感知节点可靠性确定的情况下，随着基本监测体个数的增加，多级簇结构的可靠性降低，在感知节点可靠性较低的情况下更明显。物联网远程监测系统主干传输部分选择由三个单元组成的并联冗余方式，既可以延长失效前的平均工作时间，又可有效提高系统的可靠性。本章对物联网远程监测系统在实现拓扑可靠性、传输可靠性方面具有重要的理论和实际借鉴价值。

第 4 章 物联网监测系统簇头节点的
容错机制研究

4.1 本章引论

在物联网监测系统中，通过部署无线传感器网络获取数据，来满足物联网的特定应用[110-111]。无线传感器网络部署在野外、恶劣的环境中，天气、人为因素会导致节点失效。另外，无线传感器网络中的节点，考虑到体积、成本，大多数是微型的传感器节点，一般通过电池供电，节点容易失效。为降低节点消耗的能量，大多采取分簇的路由协议[112]。在该协议中，如果簇头节点失效，则无法将感知节点采集的数据传递给 Sink 节点。簇头节点的失效，导致簇中所有传感器节点的数据丢失，从而导致物联网监测系统无法获取到应用所需的数据。在簇头节点失效时，可重新选举新的簇头节点来替换故障节点，保障系统的正常运行，但是该机制将使系统的正常运行中断。另外，如簇头的选举复杂度较高，将额外增加网络的能耗和数据传输的恢复时延，严重影响系统的性能，不满足节能和实时性的要求。

容错是一种自动检测和恢复系统故障的机制[113]。容错是物联网监测系统可靠数据传输的关键问题，它应该确保系统在任何中断或故障出现时都可用。为保证物联网监测系统的可靠性，为簇头节点设计一种有效的容错机制是非常重要的[114]。

许多研究为簇头的容错机制实现可靠性、节能和延长网络生命周期提供了思路，特别是在物联网系统应用在野外、恶劣环境。文献［111］针对簇头节点失效提出了两种容错机制：选举产生一个新簇头的机制（new cluster head generation，NCHG）和加入最佳传输能力的邻近簇头机制（joining the existing cluster head with the best transmission capability，JECHBTC），并且将这两种方式与常见的分布式容错、随机加入备份簇头节点机制，在性能方面进行了比较。Bansal 等人提出了容错选举机制（fault-tolerant election protocol，FTEP）[115]。该机制基于两级的簇机制。对于簇头的失效，在选举过程中选举出簇头和簇头的备份节点。当识别到簇头失效时，备份的簇头节点替换簇头节点，有效降低了能耗。该机制选举一个簇头节点和备份节点来处理簇头的失效，使用单个备份节点监控节点故障本身就是灾难性的。

文献［116］中提出了一种分布式的簇容错算法（distributed fault - tolerant clustering algorithm，DFCA）来解决簇头的突发故障。在检测到簇头故障后，成员节点在其通信范围内广播一条 HELP 消息。如果在其通信范围内有一个簇头，回复 HELP 消息，则该节点将加入到簇；否则在通信范围内选择一个剩余能量最高的传感器节点作为中继节点，发送数据到簇头。如果一个故障的簇头有许多成员节点或多个簇头同时失效，则 DFCA 方法可能出现 HELP 消息的爆炸问题和无效数据传输的问题。

文献［117］通过选举和监控结合的方式实现 Sink 节点的容错。当 Sink 节点的能量低于阈值时，选举新的 Sink 节点替换该节点；被替换的 Sink 节点周期性监控新的 Sink 节点，同时将新的 Sink 节点获取的数据、剩余能量进行备份，实现 Sink 节点的可靠工作。该方案减少了收集的源数据包的丢失，缩短了没有 Sink 节点的时间。文献［118］指出，为实现故障管理，需要对无线传感器网络进行实时监控和扫描。节点监控有多种方案，包括主动监控、被动监控、反应性监控和主动式监控。Alrajei 等人提出通过监控节点状态、功率级别、链路质量和网络拥塞来防止 WSN 故障的机制[119]。Mitra 等人提出一种基于故障诊断通知的故障恢复算法[120]。该算法以分布式方式利用节点的数据检查点和状态检查点进行恢复。两个节点之间的拓扑和连接被保留。为了快速恢复，主备份复制协议广泛应用于不同的应用程序设置，包括分布式数据库、Web 服务和物联网。Guler 等人研究检查点和主备份复制机制的各种组合，以提高这些机制的效率，特别是在更低的阻塞时间和更高的吞吐量方面[121]。Ai 等人提出了一种用于物联网场景中可靠数据扩散的智能协同路由协议[122]。该协议集成了有向扩散路由、贪婪边界无状态路由和节点监控机制。根据博弈论，选择监控节点来监测网络行为。该方案在网络时延、丢包率和吞吐量方面都有较好的性能。

文献［123］提出一种自配置的簇头机制（self - configurable cluster head，SSCH），该容错机制将判定和备份相结合。首先，在数据传输阶段，当簇成员节点连续两次收不到簇头发送的数据请求报文时，则判定簇头节点失效；其次运用保存在成员节点中备份簇头列表中的节点，及时替换失效的簇头节点。文献［124］提出了两种位置无关、节能的算法来恢复大量节点失效形成的空洞。采用簇方法对空洞进行建模，采用簇的恢复方法解决空洞问题。簇内和簇间的节点被用来修复出现空洞时损坏的通信链路。这些算法显著提高了故障恢复率，同时消耗了合理的能量，即使存在较高的故障率。此外，该方案可以方便地集成到多个协议中。Ozkan 等人提出了一种具有自稳定证明的无线传感器网络最大独立集构造的能量有效、自稳定和分布式算法[125]。仿真结果表明,该算法在移动次数和能量消耗方面均优于其他算法。已有的许多方法建议使用备份的簇头节点[126-127],但它们在协议中最多只考虑了两个备份的簇头节点。

这些机制大多倾向于最多使用两个备份簇头节点,无法确保簇的形成。一些研究专注于加入邻近的簇头,可能会导致 HELP 消息爆炸和数据传输效率低下。其他的研究集中在簇头的重选机制上,会中断系统的正常运行,增加网络的能量消耗。只有少数研究提供了一种监控机制来减少收集到的源数据包的丢失和恢复时间。综上所述,在簇头的容错机制中,目前还未看到通过备份与监控机制结合实现容错的报道。

为实现物联网监测系统数据获取的可靠性和能耗之间的优化,本文首先提出了一种簇头节点静态备份与动态定时监控相结合的容错机制 SBDTM。接着,建立基于马尔可夫模型的簇头节点可靠性模型。从理论分析和实验两方面对算法的性能进行了研究。

本章余下部分的内容安排如下:4.2 节详细阐述了系统模型的构建。4.3 节提出了 SBDTM 容错机制,并构建了基于 Markov 模型的簇头节点可靠性模型。4.4 节进行性能分析。4.5 节给出了分析、仿真结果和讨论部分。4.6 节对该研究工作进行了总结。

4.2　系统模型

4.2.1　网络模型

层次化传感器网络模型,采用层次结构,路径的选择简单,节点不需要储存大量的路由信息。层次化模型将网络划分成若干个较小的簇进行管理,每个簇内都有一个簇头节点[128-129]。簇头节点负责从所在的簇中收集所有传感器节点数据,将数据进行必要的融合处理,然后发送到 Sink 节点;感知(普通)节点负责持续采集监测数据,并传送给簇头。层次化传感器网络模型如图 4-1 所示。

为了简单起见,对所使用的网络模型作以下的假设。

(1)传感器节点中,少量的节点配备有 GPS 定位装置,因此位置是已知的。其他节点的位置可以通过测距或非测距技术确定。节点的坐标用于预先确定每个节点的分区。

(2)分区中的节点可以调整通信半径,保障分区内节点正常通信。

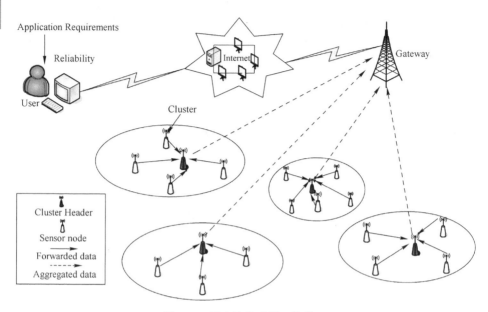

图 4-1　层次化传感器网络模型

4.2.2　故障模型

一般来说，容错是指即使节点发生故障，也不妨碍传感器网络保持运行的能力[130]。一个容错或可靠的传感器网络应该完成所有的任务。在容错系统中，不同的定义用于描述不同的问题。

定义 4.1　故障：系统中任何的失效。

定义 4.2　错误：数据中故障引起的结果。

定义 4.3　失效：系统不能提供指定的功能。

定义 4.4　容错：在出现故障或错误时，特定的单元或系统能继续执行特定功能的能力。

定义 4.5　故障检测：通过自我诊断或相互诊断来检测系统中故障的能力。

定义 4.6　故障恢复：在故障检测之后，通过修理或替换失效的部件，恢复系统的正常功能。

在本章中将簇头节点的故障定义为由软件引起的瞬时故障，瞬时故障可以通过重新启动节点的方式恢复。

4.3 容错机制和簇头可靠性模型

4.3.1 SBDTM 容错机制

针对簇头节点失效问题，提出了一种簇头（关键）节点静态备份与动态定时监控相结合的容错机制 SBDTM。

定义 4.7 簇头节点的静态备份：指在簇头的产生阶段，依据不同的物联网监测系统中终端用户对簇头节点的可靠性要求，以及一定的簇头选举规则，依次选举出若干个簇头节点。其中一个簇头节点，负责感知节点的数据收集、融合，以及转发给 Sink 节点，作为主簇头节点；其余的作为备份的簇头节点。

定义 4.8 动态定时监控：指在簇的稳定数据传输阶段，备份的簇头节点每隔指定的时间间隔，依次发送数据包，监控主簇头节点是否工作正常。如正常，备份主簇头节点中的信息；如不正常，当前监控的备份簇头节点，广播 CH-ADV 信息给簇内的节点，从而动态替换失效的主簇头节点，进行簇内数据的收发工作。

分簇的传感器网络模型中，簇头节点静态备份与动态定时监控相结合的可靠性保障机制，如图 4-2 所示。

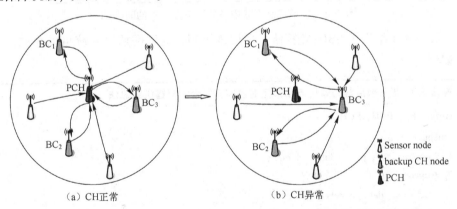

（a）CH正常   （b）CH异常

图 4-2 簇头节点静态备份与动态定时监控相结合的可靠性保障机制示意图

4.3.2 SBDTM 算法

在提出的 SBDTM 机制中，主簇头节点为 PCH，主簇头节点的初始数据集合 $\text{Data} = \{\text{init}\}$，主簇头节点剩余的能量为 E_{ch}，用户设定的主簇头节点的剩余能量的阈值为 E_{th}，备份的簇头节点集合为 $\text{BCH} = \{\text{BC}_1, \text{BC}_2, \cdots, \text{BC}_j, \cdots, \text{BC}_{n-1}\}$，感知

节点的集合 $SN = \{SN_1, SN_2, \cdots, SN_i, \cdots, SN_{m-1}\}$，感知节点 SN_i 采集的数据用 S_i 表示。同时，备份的簇头节点依次监控的时隙等于主簇头节点分配给感知节点的时隙。该机制下各类型节点的工作时间轴如图 4-3 所示。

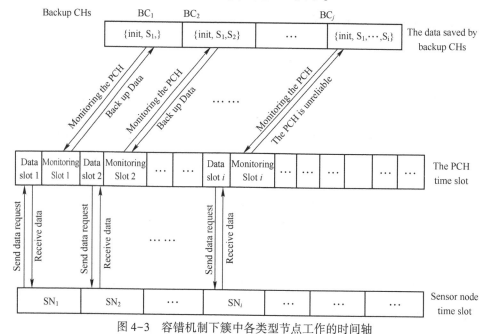

图 4-3 容错机制下簇中各类型节点工作的时间轴

算法 4.1 给出了 SBDTM 算法，采用该机制，物联网监测系统可以获取可靠的数据。

算法 4.1：簇头节点静态备份与动态定时监控相结合的容错机制算法

Input： E_{th}, PCH, BCH, SN, n, m.

Output： Data

1. Initialize i = 1, j = 1, Data = {init}；

2. **Repeat**

3. PCH sends data packets to SN_i；

4. SN_i transmits sensor data to PCH；

5. Data = Data $\cup$ {S_i}；

6. Backup BC_j sends data packets to monitor PCH；//备份簇头节点发送数据包监控主簇头

7. PCH sends E_{ch} & Data to Backup BC_j；//主簇头节点发送剩余能量、数据给备份簇头节点

8.　　　　 **If** ($E_{ch} > E_{th}$)　　 **then**

9.　　　　　Backup BC_j save Data；//备份簇头节点备份数据

```
10.              i=i+1;
11.                  If （j<n-1） then
12.                      j=j+1;
13.                  End
14.                  Else
15.                      j=1;
16.                  End
17.              End
18.              Else
19.              Backup CH BCⱼ broadcast the CH-ADV message to the nodes；   //备份簇头节点广
                                                                          //播 CH-ADV 给簇
                                                                          //内节点
20.          All elements in the SN send a request message to join the cluster; //感知节点发送入簇请求
21.                  If （j<n-1） then
22.                      j=j+1;
23.                  End
24.                  Else
25.                      j =1;
26.                  End
27.              End
28.      Until    （i>=m-1）；    //整个数据采集周期 T 结束
29.      Return Data；
```

4.3.3　基于马尔可夫模型的簇头节点可靠性建模

不同的物联网监测系统中，终端用户对簇头节点的可靠性要求不同，因此，需选举的簇头节点的备份个数也不同。当主簇头节点正常工作时，其余 $n-1$ 个簇头处于备份状态；当主簇头节点发生故障时，备份簇头节点之一动态替换失效节点，作为主簇头节点工作。下面构建基于马尔可夫模型的簇头节点可靠性模型，并作以下的假设：

① 转换开关是完全可靠的，开关转换是瞬时的；

② 簇头节点的寿命分布均为 $1-e^{-\lambda t}$，$t \geqslant 0$（λ 为故障率）；

③ 簇头的故障是软件引起的瞬时故障；

④ 瞬时故障可通过重启节点的方式修复；

⑤ 故障后的修理时间分布均为 $1-e^{-\mu t}$（μ 为修复率）；

⑥ 所有这些随机变量都相互独立；

⑦ 终端用户对簇头节点的可靠性需求为 R_0；

⑧ 在保障簇头节点可靠性满足 R_0 时，所需的簇头节点个数为 n。

下面构建基于马尔可夫模型的簇头节点状态转移图，如图 4-4 所示。该马尔可夫过程具有状态集 $\{0, 1, 2, \cdots, n-1, n\}$，状态 $0, 1, 2, \cdots, n-1$ 都是瞬态，分别表示选举静态备份的簇头节点数有 0 个，1 个，2 个，$\cdots$，$n-1$ 个失效的状态；n 状态是吸收态，表示对应的 n 个簇头节点全部失效的状态，此时簇头节点不能满足系统用户的可靠性需求。

系统共有 $n+1$ 个不同的状态，令

　　$X(t)=j$，如时刻 t 系统中有 j 个故障的部件（$j=1, 2, \cdots, n$）

显然

$$E=\{0,1,\cdots,n\}, W=\{0,1,\cdots,n-1\}, F=\{n\}$$

$\{X(t), t \geq 0\}$ 是状态空间 E 的齐次 Markov 过程。

由系统在 Δt 时间内的状态转移图（见图 4-4），进而可得转移率矩阵。

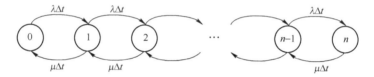

图 4-4　状态转移图

$$A=\begin{bmatrix} -\lambda & \lambda & & & & & 0 \\ \mu & -\lambda-\mu & \lambda & & & & \\ & \mu & -\lambda-\mu & \lambda & & & \\ & & \ddots & \ddots & \ddots & & \\ & & & \mu & -\lambda-\mu & \lambda \\ 0 & & & & \mu & -\mu \end{bmatrix} \quad (4\text{-}1)$$

由于矩阵 A 是三对角的，则转移概率

$$\pi_j=\left(\frac{\lambda}{\mu}\right)^j \frac{\mu^{n+1}-\lambda\mu^n}{\mu^{n+1}-\lambda^{n+1}}, j=0,1,\cdots,n \quad (4\text{-}2)$$

则由式（4-2）可得

$$\pi_n=\frac{\lambda^n\mu^{n+1}-\lambda^{n+1}\mu^n}{\mu^{2n+1}-\lambda^{n+1}\mu^n} \quad (4\text{-}3)$$

由于第 n 个状态为吸收态，因此簇头节点的可靠性 $R=1-\pi_n$

$$R=\frac{\mu^{n+1}-\lambda^n\mu}{\mu^{n+1}-\lambda^{n+1}} \quad (4\text{-}4)$$

当簇头节点的可靠性 $R \geq R_0$ 时，簇头节点的可靠性满足终端用户的可靠性需

求。当取 $R=R_0$ 时，参数 λ,μ 已知，则由式（4-4）可求得 n。此时，满足终端用户可靠性需求的，簇头节点静态备份的个数为 $n-1$。

4.4　性能分析

在本节中，将提出的 SBDTM 机制与 NCHG 机制（new clustar head generation，新簇头产生）[111]、SSCH 机制（self configurable cluster heads，自配置簇头）[123] 在能耗和时延方面进行理论分析。

由文献 [131] 可知，同一簇中的感知节点，彼此相邻，则感知的数据有空间相关性，簇头节点收集的数据包的长度是固定的，作以下的假设：

① 簇运行周期为 T，即簇中每个感知节点各发送采集的数据 1 次需要的时间；

② 数据采集周期 T 内，簇头失效的次数占成员节点发送总次数的百分比为 P；

③ 节点调度的时延为 T_{sdelay}；

④ 数据包的长度为 L_{pack}；

⑤ 两节点收发 1 字节的数据需要的能量为 E_{tr}；

⑥ 簇头节点静、动态冗余结合的可靠性保障机制中消耗的能量为 E_{SBDTM}；

⑦ 簇头重新选择机制（NCHG）中消耗的能量为 E_{NCHG}；

⑧ 判定和备份相结合的簇头节点容错机制（SSCH）中消耗的能量为 E_{SSCH}；

⑨ 簇头节点静、动态冗余结合的可靠性保障机制中恢复时延为 T_{SBDTM}；

⑩ 簇头重新选择机制（NCHG）中恢复时延为 T_{NCHG}；

⑪ 判定和备份相结合的簇头节点容错机制（SSCH）中恢复时延为 T_{SSCH}。

4.4.1　能耗分析

定理 4.1　簇头节点静态备份与动态定时监控相结合的可靠性保障机制中消耗的能量 E_{SBDTM} 为：

$$[P \cdot (m-1) \cdot (m-2) \cdot L_{\mathrm{pack}} \cdot E_{\mathrm{tr}} + (1-P) \cdot (m-1) \cdot L_{\mathrm{pack}} \cdot E_{\mathrm{tr}}] + (m-1) \cdot L_{\mathrm{pack}} \cdot E_{\mathrm{tr}}$$

证明　由之前的假设可知，在整个数据采集周期 T 内，节点工作不可靠的次数为 $P \cdot (m-1)$，此时消耗的能量（E_{an}）为：

$$E_{\mathrm{an}} = P \cdot (m-1) \cdot (m-2) \cdot L_{\mathrm{pack}} \cdot E_{\mathrm{tr}} \tag{4-5}$$

在整个数据采集周期 T 内，节点工作可靠的次数为 $(1-P) \cdot (m-1)$，此时消耗的能量（E_{nm}）为：

$$E_{\mathrm{nm}} = (1-P) \cdot (m-1) \cdot L_{\mathrm{pack}} \cdot E_{\mathrm{tr}} \tag{4-6}$$

因此，在整个数据采集周期 T 内，备份的簇头节点监控消耗的能量（E_{mt}）为：

$$E_{mt} = E_{an} + E_{nm}$$

$$= P \cdot (m-1) \cdot (m-2) \cdot L_{pack} \cdot E_{tr} + (1-P) \cdot (m-1) \cdot L_{pack} \cdot E_{tr} \quad (4-7)$$

在整个数据采集周期 T 内，（$m-1$）个成员节点发送感知数据、簇头节点接收数据消耗的能量（E_{td}）为：

$$E_{td} = (m-1) \cdot L_{pack} \cdot E_{tr} \quad (4-8)$$

最终，簇头节点静态备份与动态定时监控相结合的可靠性保障机制下，数据采集周期内，消耗的总能量为备份的簇头监控消耗的能量与成员节点发送感知数据、簇头节点接收数据的能量之和，则

$$E_{SBDTM} = E_{mt} + E_{td} \quad (4-9)$$

$$= [P \cdot (m-1) \cdot (m-2) \cdot L_{pack} \cdot E_{tr} + (1-P) \cdot (m-1) \cdot L_{pack} \cdot E_{tr}] + (m-1) \cdot L_{pack} \cdot E_{tr}$$

$$(4-10)$$

定理 4.2 簇头失效后重新选举方式中，消耗的能量 E_{NCHG} 为：

$$P \cdot (m-1) \cdot [(m-1) \cdot (m-2) \cdot L_{pack} \cdot E_{tr} + 2 \cdot (m-2) \cdot$$
$$L_{pack} \cdot E_{tr}] + (m-1) \cdot L_{pack} \cdot E_{tr}$$

证明 在簇头重新选举机制（NCHG）中，当簇头失效时，此时簇内仅有成员节点，则重新选举的步骤如下。

所有成员节点向簇内的节点以 R_{mc} 为通信半径（为保证该簇内所有成员接收，R_{mc} 为簇头通信半径 R_c 的 2 倍，如图 4-5 所示），广播簇头竞争报文 CH_SEL（由报文类型、节点 ID、原簇头 ID、剩余能量构成。其中，报文类型表示这是一个簇头竞争的报文）；

$m-1$ 个节点广播消耗的能量（E_{sel}）为：

$$E_{sel} = (m-1) \cdot (m-2) \cdot L_{pack} \cdot E_{tr} \quad (4-11)$$

此时，剩余能量最多的节点成为簇头，并广播竞争成功报文 CH_SUCC（由报文类型、节点 ID 构成）。

广播竞争成功报文消耗的能量（E_{suc}）为：

$$E_{suc} = (m-2) \cdot L_{pack} \cdot E_{tr} \quad (4-12)$$

簇内节点收到 CH_SUCC 报文后，向其发送加入簇请求报文 CH_JOIN_REQ（由报文类型、节点 ID、簇头 ID 构成），簇头发送加入成功报文 CH_JOIN_SUCC（由报文类型、簇头 ID、成员 ID、分配时隙构成）。

成员节点加入新簇头需要的能量（E_{meb}）为：

$$E_{meb} = (m-2) \cdot L_{pack} \cdot E_{tr} \quad (4-13)$$

因此，簇头重新选举一次，消耗的能量（E_{elect}）为：

$$E_{elect} = E_{sel} + E_{suc} + E_{meb} \quad (4-14)$$

则簇头失效后重新选举方式下，数据采集周期内，簇头重新选举消耗的能量（E_{reelec}）为：

$$E_{\text{reelec}} = P \cdot (m-1) \cdot \left[(m-1) \cdot (m-2) \cdot L_{\text{pack}} \cdot E_{\text{tr}} + 2 \cdot (m-2) \cdot L_{\text{pack}} \cdot E_{\text{tr}} \right]$$

$$(4-15)$$

最终，在簇头失效后重新选举方式下，数据采集周期内，消耗的总能量为重新选举簇头消耗的能量与成员节点发送感知数据、簇头节点接收数据的能量之和，则：

$$E_{\text{NCHG}} = P \cdot (m-1) \cdot \left[(m-1) \cdot (m-2) \cdot L_{\text{pack}} \cdot E_{\text{tr}} + 2 \cdot (m-2) \cdot L_{\text{pack}} \cdot E_{\text{tr}} \right] + (m-1) \cdot L_{\text{pack}} \cdot E_{\text{tr}} \qquad (4-16)$$

同理，判定和备份相结合的簇头节点容错机制（SSCH）中消耗的能量为：

$$E_{\text{SSCH}} = P \cdot (m-1) \cdot \left[3 \cdot (m-1) \cdot L_{\text{pack}} \cdot E_{\text{tr}} \right] + (m-1) \cdot L_{\text{pack}} \cdot E_{\text{tr}} \qquad (4-17)$$

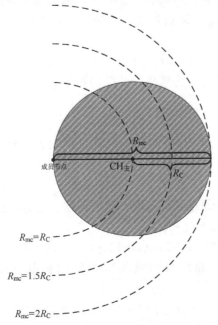

图 4-5　成员节点广播簇头竞争报文的示意图

4.4.2　恢复时延分析

本章采用基于时分多址（time division multiple access，TDMA）的媒体接入控制（media access control，MAC）协议。

定理 4.3　簇头节点静态备份与动态定时监控相结合的可靠性保障机制中，数据传输恢复的时延 T_{SBDTM} 为：

$$T_{sdelay}+(m-1) \cdot T_{sdelay}$$

证明 在簇头节点静态备份与动态定时监控相结合的可靠性保障机制中，数据传输恢复的时延包括备份簇头节点监控主簇头所需要的时延（T_{mt}）为：

$$T_{mt}=T_{sdelay} \tag{4-18}$$

以及备份的簇头节点之一替换主簇头节点，广播发送 CH-ADV 信息给 $m-1$ 个感知节点所需的时延（T_{broad}）为：

$$T_{broad}=(m-1) \cdot T_{sdelay} \tag{4-19}$$

因此，该机制下数据传输恢复的时延（T_{SBDTM}）为：

$$T_{SBDTM}=T_{sdelay}+(m-1) \cdot T_{sdelay} \tag{4-20}$$

定理 4.4 簇头重新选举机制 NCHG 中，数据传输恢复的时延 T_{NCHG} 为：

$$[2 \cdot (m-2)+(m-1) \cdot (m-2)] \cdot T_{sdelay}$$

证明 在簇头的重新选举机制 NCHG 中，数据传输恢复的时延包括所有成员节点向簇内的节点以 R_{mc} 为通信半径，广播簇头竞争报文 CH_SEL 所需要的时延（T_{sel}）为：

$$T_{sel}=(m-1) \cdot (m-2) \cdot T_{sdelay} \tag{4-21}$$

剩余能量最多的节点成为簇头，并广播竞争成功报文 CH_SUCC 所需要的时延（T_{suc}）为：

$$T_{suc}=(m-2) \cdot T_{sdelay} \tag{4-22}$$

簇内节点收到 CH_SUCC 报文后，向其发送加入簇请求报文 CH_JOIN_REQ 所需要的时延（T_{meb}）为：

$$T_{meb}=(m-2) \cdot T_{sdelay} \tag{4-23}$$

因此，在簇头的重新选举机制中，数据传输恢复的时延 T_{NCHG} 为：

$$\begin{aligned} T_{NCHG} &= T_{sel}+T_{suc}+T_{meb} \\ &= [2 \cdot (m-2)+(m-1) \cdot (m-2)] \cdot T_{sdelay} \end{aligned} \tag{4-24}$$

同理，判定和备份相结合的簇头节点容错机制（SSCH）中的恢复时延 T_{SSCH} 为：

$$T_{SSCH}=2 \cdot (m-1) \cdot T_{sdelay} \tag{4-25}$$

4.5 性能评估

在本节中，通过分析结果和仿真结果对所提出的机制在能耗、恢复时延、死亡节点数、吞吐量和丢包率等各性能指标上进行比较，给出 SBDTM 机制的评估结果。

4.5.1 仿真环境设置

SBDTM、NCHG 和低功耗自适应集簇分层型协议（low energy adaptive

clustering hierarchy，LEACH）协议在 NS-3（network simulator 3，网络模拟器）仿真环境下，对性能进行比较。仿真环境如下：WSN 中包含 100 个节点，随机部署在 200 m×200 m 的区域。每个节点的初始能量为 0.75 J，基站位于（100，100）。仿真参数如表 4-1 所示。

表 4-1 仿真参数

仿 真 参 数	值
节点数	100 个
面积	（200×200）m^2
基站位置	（100，100）
初始能量	0.75 J
E_{elec}	50 nJ/bit
ε_{fs}	100 PJ/（bit/m^2）
MAC	802.15.4
广播距离	100 m
λ	1×10^{-4}
μ	2×10^{-4}
广播包大小	32 bits
监控包大小	16 bits

4.5.2 簇头节点的可靠性

式（4-4）表明关键节点簇头的可靠性 R 与簇头节点的备份个数 n、故障率 λ 和修复率 μ 有关。当故障率 λ 取 1×10^{-4}，修复率 μ 取 2×10^{-4}。图 4-6 表示簇头节点的可靠性随簇头节点数的变化。

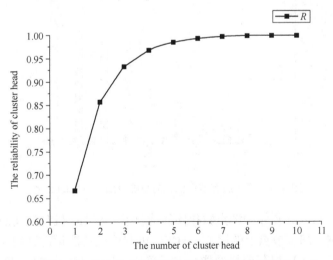

图 4-6 簇头节点的可靠性随簇头节点数的变化

由图 4-6 可知，随着簇头节点数的增加，簇头节点的可靠性也增加，增加备份可提高簇头节点的可靠性。同时在给定簇头节点的可靠性要求下，可以求解出满足该可靠性要求所需要的簇头节点数。当簇中对关键节点簇头的可靠性要求为 0.8 时，所需要的关键节点簇头的个数为 2；当簇中对关键节点簇头的可靠性要求为 0.9 时，所需要的关键节点簇头的个数为 3。但是当簇头的节点数超过 4 时，可靠性增加不明显。

4.5.3　不同可靠性保障机制下能耗的比较

在下面的实验中，比较了两种不同的簇头节点容错机制下的能耗。由定理 4.1 和定理 4.2 可知，在采集周期 T 内，簇消耗的总能量与簇中节点的个数 m，数据包的长度 L_{pack}，簇头失效的次数占成员节点发送总次数的百分比为 P，以及两节点收发一个字节的数据需要的能量 E_{tr} 有关。L_{pack} 取 128 B，P 取 0.04，E_{tr} 取 80 nJ/B。

（1）簇中所有节点消耗的总能量

在采集周期 T 内，将提出的 SBDTM 机制与 NCHG、SSCH 机制进行比较。当节点数 m 以 20、40、60、80、100 变化时，簇中所有节点消耗的总能量，如图 4-7 所示。

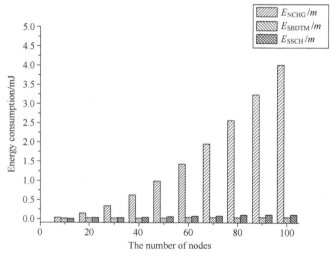

图 4-7　簇中所有节点消耗的总能量随节点数的变化

由图 4-7 可知，在簇中节点数相同的情况下，NCHG 机制消耗的总能量大于其他两种机制。随着节点数的增加，NCHG 机制消耗的能量急剧增长，而提出的 SBDTM 机制和 SSCH 机制消耗的能量增长平缓。因为 SBDTM 机制和 SSCH 机制通过备份的簇头来替换失效的簇头，避免了重新选举，从而降低了能耗。

表 4-2 给出了在采集周期 T 内消耗的总能量。

表 4-2 采集周期内消耗的总能量

节 点 数	NCHG	SCCH	SBDTM
20	3.14 mJ	0.64 mJ	0.52 mJ
40	25.29 mJ	2.27 mJ	1.39 mJ
60	86.10 mJ	4.88 mJ	2.59 mJ
80	205.25 mJ	8.48 mJ	4.11 mJ
100	402.38 mJ	13.06 mJ	5.96 mJ

表 4-2 表明提出的 SBDTM 机制比 NCHG 机制节省了大量的能量。此外，SB-DTM 机制消耗的总能量略低于 SSCH 机制。因为 SBDTM 机制结合了动态定时监控机制能快速识别簇头节点的故障，而在 SSCH 机制中，感知节点继续向故障的簇头发送数据，增加了能耗。

（2）簇中节点消耗的平均能量

当簇中节点数 m 以 20、40、60、80、100 变化时，将 SBDTM 机制与 NCHG、SSCH 机制进行比较。节点消耗的平均能量如图 4-8 所示。

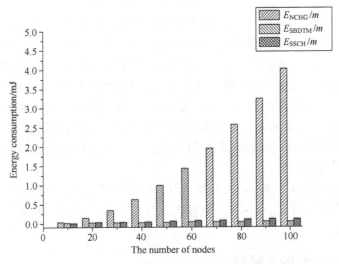

图 4-8 簇中节点消耗的平均能量随节点数的变化

从图 4-8 可知，簇中节点数相同的情况下，NCHG 选举机制中每个节点消耗的平均能量大于其他两种机制中每个节点消耗的平均能量，并且 SBDTM 机制中每个节点消耗的平均能量最少。

4.5.4 不同可靠性保障机制下恢复时延的比较

式（4-20）、式（4-24）和式（4-25）表明恢复时延与簇中节点数 m、节点调度的时延 T_{sdelay} 有关。T_{sdelay} 取值为 20 ms。当节点数 m 以 20、40、60、80、100 变化时，将提出的 SBDTM 机制与 NCHG、SSCH 机制下的恢复时延进行比较，结果如图 4-9 所示。

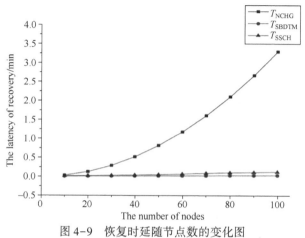

图 4-9　恢复时延随节点数的变化图

从图 4-9 可知，在簇中节点数相同的情况下，选举 NCHG 机制所需要的恢复时延最长，SBDTM 机制所需要的恢复时延最短。由于在簇头的选举 NCHG 机制下，当簇头失效时，簇内的节点广播簇头竞争报文，额外增加了簇的恢复时延。在 SSCH 机制中，当感知节点接收不到簇头节点的数据请求时，将等到下一轮接收数据请求。当连续两轮都没有收到数据请求，则感知节点要求备份节点替换簇头节点。因此，SSCH 机制中的恢复时延大于提出的 SBDTM 机制。在 SBDTM 机制，由于能很快地识别到簇头节点的失效，并且由备份的簇头节点去替换，因此，降低了恢复的时延。

仿真结果见 4.5.5 节~4.5.8 节，为了便于比较，运行 LEACH 和 NCHG 机制。与其他簇算法相比，选择 LEACH 的主要原因在于它是一种开销最小且能快速成簇的算法。

4.5.5 网络消耗的总能量

不同算法每轮网络的总能耗结果如图 4-10 所示。

从图 4-10 可知，SBDTM 在网络总能耗方面优于 LEACH 和 NCHG 机制。LEACH 总能耗较差，不管簇头节点是否失效，在每一轮结束时，所有的节点都将在全局范围内，重新选举簇头，从而增加了能耗。在 NCHG 机制中，当簇头节点失效，感知节点以 2 倍的通信半径广播簇头的竞争消息，消耗了大量的能耗。相比之下，SBDTM 采用静态备份的簇头来替换失效的簇头节点，从而节省了大量的能耗。

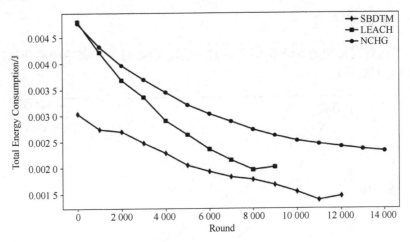

图 4-10　网络每轮消耗的总能量

4.5.6　死亡节点数比较

每轮的死亡节点数如图 4-11 所示。

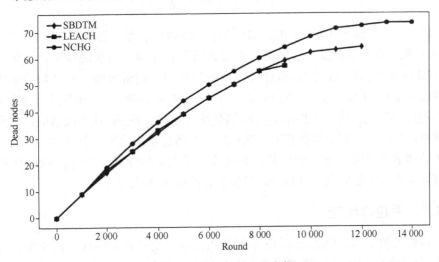

图 4-11　每轮的死亡节点数

从图 4-11 可知，使用 NCHG 机制产生的死亡节点数多于其他两种算法产生的，这也说明 NCHG 机制的能耗高。使用 SBDTM 机制死亡节点数略少于使用

LEACH，尽管这两种算法产生的死亡节点数相当。利用备份的簇头节点替换故障的簇头节点，降低了能耗。表明 SBDTM 比 NCHG 和 LEACH 具有的网络寿命更长。这一结果也证实了之前的结论，即 SBDTM 降低了能耗。

4.5.7　吞吐量比较

网络运行时每轮的吞吐量如图 4-12 所示。吞吐量是指每轮中成功传输到基站的数据的累计值。

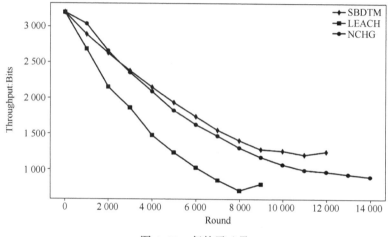

图 4-12　每轮吞吐量

图 4-12 表明 SBDTM 比 LEACH 具有更高的吞吐量，因为与 LEACH 不同，SBDTM 在主簇头节点发生故障时，为传感器节点提供了备份的簇头。因此，在 SBDTM 机制中，更多的数据信息可以传输到基站，从而增加了吞吐量。SBDTM 的吞吐量也比 NCHG 高。在 NCHG 中，当簇头发生故障时，感知节点开始重新选举新的簇头节点，此时数据不会传输到基站。但是，在 SBDTM 机制中，簇头的故障可以通过动态定时监控机制快速识别，并通过备份的簇头节点进行恢复，不仅为感知节点提供了另一种路径，而且节省了大量的能耗。因此，SBDTM 中的节点可以工作更长时间，并且可以传输更多的数据到基站。

4.5.8　丢包率比较

网络丢包率的结果如图 4-13 所示，丢包率是指基站实际接收的字节数与节点未发生故障时发送的字节数之比。

图 4-13 表明 SBDTM 和 LEACH 的丢包率分别为最低和最高。这是缘于 LEACH 机制的高能耗和更多的死亡节点数。

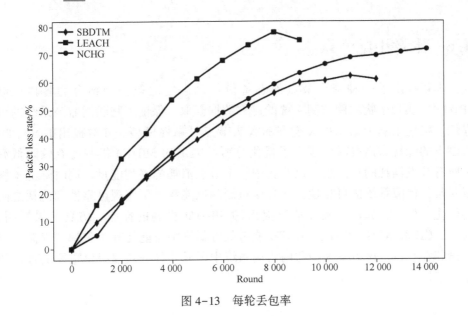

图 4-13　每轮丢包率

4.5.9　复杂度分析

在本节中，将提出的 SBDTM 机制进行了复杂度分析，以表明该机制如何在时间、空间和消息复杂度方面改进了 Intra-cluster bypass（簇内旁路），Inter-cluster bypass（簇间旁路）[124] 和 A_{MIS}（最大独立集算法）[125]。

表 4-3 给出了四种算法的时间、空间和信息复杂度。

表 4-3　四种算法的复杂度比较

算　　法	时间复杂度	空间复杂度	信息复杂度
SBDTM	$O(D_m)$	$O(C_m)$	$O(C)$
Intra-cluster bypass	$O(D_m)$	$O(C_m)$	$O(C_m)$
Inter-cluster bypass	$O(D)$	$O(C_m)$	$O(bk(C_m+D))$
A_{MIS}	$O(N)$	$O(C_m)$	$O(N+C)$

（D_m 为最大簇直径，C_m 是簇中的最大节点数，D 是网络的直径，b 是常数，k 是同一级中簇的最大个数，N 是网络中节点的数量，C 是网络中簇的个数。）

SBDTM 和 Intra-cluster bypass 具有相同的时间和空间复杂度。SBDTM 具有比 Intra-cluster bypass 更好的消息复杂度。Inter-cluster bypass 和 A_{MIS} 的时间和消息复杂度相对较差。

4.6 本章小结

　　本章提出了一种簇头节点静态备份与动态定时监控相结合的容错机制 SBDTM，实现了物联网监测系统的可靠数据获取，保证了物联网监测系统的可靠性。构建了基于马尔可夫模型的簇头节点可靠性模型；并对提出的 SBDTM 机制下的能耗和恢复时延进行了量化分析。提出的 SBDTM 机制能有效降低簇中所有节点消耗的总能量，以及簇中每个节点消耗的平均能量；同时降低了恢复时延，保障系统的可靠性，并且该机制降低能耗，可实现可靠性和能耗之间的优化。最后，通过实验评估所提出的 SBDTM 机制的性能。仿真结果表明，与 LEACH 和 NCHG 相比，SBDTM 能有效降低网络总能耗和丢包率，提高网络寿命和吞吐量。该方案为物联网监测系统中可靠的数据获取提供重要的理论依据和应用价值。

第5章 物联网监测数据的可靠性反演与修正模型

5.1 本章引论

近年来，雾霾天气的频繁出现影响了全球的气候和环境，也给社会经济发展、人民生活及人类的健康等各方面带来了显著的负面影响。一些重点污染企业的污染物排放，对雾霾天气的形成贡献明显。由于我国实施"谁污染、谁治理、谁付费"的原则，一些企业为了逃避监测，故意人为干扰和破坏监测系统设施设备，导致因实施监测系统传输中断而引起的不可靠性问题比较严重。具体包括：①企业故意人为断电，使自动监测设备无法正常运行，造成实时监测中断，导致监测数据不能上传；②擅自关闭自动监测的设备，谎报设备故障或停产，造成实时监测数据不能上传；③故意中断正在实时监测的本地监测网络和远程通信网络，造成网络通信异常，使得实时监测数据不能上传。最终，监测系统的中断导致监控中心不能获得实时监测污染源排放的数据。另外，监控中心获得的数据会出现异常。表现为：①数据连续零值异常；②数据连续不变（值不为零）异常；③数据负值异常；④数据倒挂异常；⑤邻居节点关联性异常等。

贝叶斯网络是一种概率网络，属于概率图模型范畴，具有严格数学基础，是处理不确定信息的重要工具[132]。它将变量之间潜在的关联性用简洁的图解模型表达出来，表达的语义直观、清晰，推理的结果和结论可信度强，便于解释和易于理解[133]。近年来，对贝叶斯网络基础理论学习和推理进行的广泛深入研究，使得贝叶斯网络在实际问题领域中的应用成为可能。

Nguyen 等人将可靠性评估纳入资源的融合可以显著提高自动驾驶在大多数情况下的可用性，他们提出了一种新的误差度量方法，将其可靠性定义为估计的道路运动轨迹与人工驾驶轨迹之间的夹角差。通过训练贝叶斯网络和随机森林，在包含传感器和环境信息的大数据基础上学习可靠性[134]。在融合过程中，利用估计的信度来剔除不可靠的信源。Mccall 等人提出了一种基于车道位置信息、车辆参数和驾驶员头部运动的驾驶员意图推理系统[135]，运用计算机视觉方法来识别和跟踪高速公路车道和驾驶员头部运动，然后将这些算法应用于一个模块化智能车辆试验台收集的真实数据，并对其进行评估。采用稀疏贝叶斯学习方法对变道意图数据进行分析。最后，利用车辆参数、车道位置和驾驶员头部运动的新度量和真实数据对整个系统进行了评估。Ibrahim W 将贝叶斯网络用于精确计算电路的可靠性分析方面[136]；Wagner S 基于贝叶斯网络进行软件质量的评估与预测[137]。敬瑞星等建立了一种基于贝叶斯网络的系统可靠性分析平台并将其应用于系统的可靠性分析[138]。董豆豆等人利用贝叶斯网络对不确定性问题具有良好描述能力和推理能力的特点，提出一种基于贝叶斯网络的可靠性分析方法[139]。该方法通过条件概率表描述模态部件和逻辑门，较好地刻画了系统中存在的模糊性，丰富了可靠性的割集理论，使之扩展到不确定性的领域。高学攀等人提出并实现了基于贝叶斯网络的实用林火概率预测系统[140]。同时在预测理论的研究中，王惠珍提出了基于改进灰色系统 GM（1,1）模型进行企业工程成本的预测[141]。曹飞飞提出了应用灰色系统理论的基本原理，建立灰色预测模型，运用 GM（1,1）模型对粮食产量进行预测[142]。

为了解决物联网监测系统中断，以及人为因素引起的监测数据缺失、异常问题，本章拟通过基于物联网的雾霾重点污染源监测系统，在内外验证模块化可靠拓扑结构的基础上，提供基于监测企业和周围环境污染相关监测数据的反演和修正的有效模型。具体地，本章以周边监测传感器节点和厂区用电子栅栏保护的可信节点数据为依据，建立相关拓扑矩阵的主要代码，并将网络结构可视化，而后根据传感器节点网络架构图生成相关贝叶斯网络结构，进而对贝叶斯网络学习训练，实现海量历史数据的处理和转化，通过学习后的贝叶斯网络转变为一个完整的贝叶斯网络。结合基于权重相对熵最小优化模型，组合主、客观权重获得最优权重，得到各节点分属性污染源的量化值，保证污染源排放等级的准确性，然后根据污染源排放数据的总先验概率，导致发生的各个分属性先验概率、联合概率分布及其条件概率对雾霾重点污染源排放数据进行反演与修正，并在实际系统中对反演的效果进行测试和分析。

本章余下部分的内容安排如下：5.2 节给出了贝叶斯网络的概述。5.3 节分析了影响反演准确度的因素。5.4 节提出了多属性条件下物联网监测数据的可靠性反演步骤。5.5 节以河北省某火力发电厂作为案例，对反演的性能进行测试与分析。5.6 节对该研究工作进行了总结。

5.2　贝叶斯网络概述

5.2.1　基本概念

定义 5.1　贝叶斯公式　设样本空间为 Ω，B 为 Ω 中的事件，$A_1, A_2, \cdots, A_n$ 为 Ω 的一个划分，且 $P(B) > 0, P(A_i) > 0, i = 1, 2, \cdots, n$，则有

$$P(A_i/B) = \frac{P(B/A_i)P(A_i)}{\sum_{j=1}^{n} P(B/A_j)P(A_j)}, \quad i = 1, 2, \cdots, n \qquad (5-1)$$

称式（5-1）为贝叶斯公式。

5.2.2　贝叶斯网络的构建

一个贝叶斯网络由网络结构（有向无环图）和参数（条件概率）两部分构成，分别用于定性与定量地描述依赖关系。除了确定变量集和变量域外，还必须对这两部分加以指明，以构成一个贝叶斯网络。

构建贝叶斯网络反演模型的具体步骤为：

① 定义域变量，结合应用背景，确定网络模型需要的变量，并给出每个变量的确切含义；

② 确定网络结构，研究网络的拓扑结构，建立相关拓扑矩阵的主要代码，并将网络结构可视化；

③ 进行贝叶斯网络学习，实现海量历史数据的处理和转化，通过学习后的贝叶斯网络转变为一个完整的贝叶斯网络；

④ 运用到实际系统中，并根据系统产生的数据优化贝叶斯网络。

5.3　反演的准确度影响因素分析

为了实现多属性条件下，节点污染源排放数据反演分析的可靠性，提高反演结果的准确性，拟通过以下步骤实现：①建立反演指标体系；②规范化反演指标；③获取反演指标的最优权重。

污染源排放数据反演是基于周边污染的异常等级进行的，因此如何准确确定周边的污染等级将决定反演的准确度。这就要求将笼统的周边污染排放分解成可测量的指标值，这样的指标值是没有经过主观处理的数据，具有客观性；同时又是具体的数值，便于进行量化处理，是客观给出污染等级的基础。污染等级是客

观的，反演就是准确的。

5.3.1　反演指标体系的构建

根据指标体系构建的原则，查阅和参考相关文献综述与专家意见，结合目前可用的传感器类型，本章从气体污染源排放、粒状污染源排放、恶臭物质污染源排放和二次污染源排放来客观、全面、系统、科学地构建污染源排放数据反演的指标体系。构建的雾霾重点污染源排放数据的可靠性反演指标体系如图 5-1 所示，包括 4 个一级指标，16 个二级指标。这里需要说明的是，不同的监测点，影响雾霾的污染源因素各异，可根据实际情况进行调整。

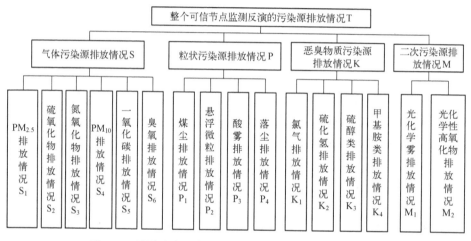

图 5-1　雾霾重点污染源排放数据的可靠性反演指标体系

5.3.2　反演指标的预处理

在数据的可靠性反演中，反演过程能否顺利完成，反演结果是否准确，是否符合反演对象的客观实际等，在很大程度上取决于反演是否占有充分、可靠的历史和当前数据资料，以及对数据的加工处理。在多属性条件下雾霾重点污染源数据的可靠性反演是基于污染等级的。直接获取的各指标值是各式各样的，单调性和量纲都是不一致的，对各指标值进行规范化处理，保证各指标值在 [0，1] 范围内，且单调性一致，可以直观地反映周边污染状况变化的客观规律；同时将污染等级范围设置成动态可配置的，且范围在 [0，1]，值越大，表示污染越严重。对指标数据实施规范化处理，不仅有利于进行数值计算，而且能保证获得的值与所给出的污染等级范围、方向一致，便于确定污染等级，从而提高反演的准确度。为此，本章对收集到的传感器节点数据进行了规范化处理。

1. 污染源排放监测数据的获取

为获取真实可信的污染源监测数据，由周边监测传感器节点和厂区用电子栅栏保护的可信传感器节点，获取用于测量气体污染源、粒状污染源、恶臭物质污染源和二次污染源排放相关的各指标数据信息。

2. 污染源排放监测数据的规范化处理

本章采用减法一致化方法式（5-2）和极差化方法式（5-3）来实现数据的规范化处理[143]。

减法一致化公式：

$$et = \begin{cases} M-x\,(M\ 为指标一个允许的上界) \\ K-|\,a-x\,|\,(K\ 为正常数, a\ 为指标适度值) \end{cases} \quad (5\text{-}2)$$

极差化量纲一公式：

$$et = \begin{cases} 0, x < x_{\min} \\ \dfrac{x-x_{\min}}{x_{\max}-x_{\min}}, x_{\min} < x < x_{\max} \\ 1, x > x_{\max} \end{cases} \quad (5\text{-}3)$$

式中：$x_{\min}$，$x_{\max}$——x 的最小值和最大值。

经过上述规范化处理之后，各项污染物排放数据 x 被表示为取值在 $[0,1]$ 区间内正向递增的证据值 et，而且数值越大表明污染源排放越严重，可用作预测指标。令无量纲化证据集合为 $ET = \{et_1, et_2, \cdots, et_m\}$，这些监测证据来源于实时、可靠的监测数据，可反映出污染源排放的客观程度，避免了因数据数量级差别较大而造成反演误差较大的情况。

5.3.3　反演指标最优权重的获取

不同的反演指标对雾霾污染等级的重要性不同，对雾霾污染的影响程度也存在差异。如气体污染源排放中的 $PM_{2.5}$ 和 O_3 已经成为我国多数城市最主要的污染物，对雾霾的影响显著，影响明显高于其他污染指标。因此，就不同的污染指标给出一个合理、最优的权重，既能客观反映污染指标的影响大小，又能真实地反映出周边污染的实际状况。这就保障了给出的污染等级是可靠、准确的，从而保证物联网监测数据的可靠性反演是准确的。

目前确定指标属性权重的方法可分为：主观赋权法、客观赋权法和组合赋权法三大类。其中组合赋权法是在基于信息量和基于主观判断的赋权法中选出几种进行组合分析，使得结果既含有主观信息，又含有客观信息；既反映了决策者的意向，又有着客观数学理论的支撑。因此，本章中反演指标最优权重的获取是基于权重相对熵最小优化模型组合主、客观权重来实现的。

组合赋权法的思路是选取 P 种基于主观判断和基于信息量的赋权方法，设其指标权重分别为 $\boldsymbol{u}_k=(u_{k1},u_{k2},\cdots,u_{km})$，$k=1,2,\cdots,p$，$\sum_{j=1}^{m}u_{kj}=1(u_{kj}\geq0)$，则该 P 种方法得到权重矩阵可表示为：

$$U=\begin{bmatrix}\boldsymbol{u}_1\\\boldsymbol{u}_2\\\vdots\\\boldsymbol{u}_p\end{bmatrix}=\begin{bmatrix}u_{11}&u_{12}&\cdots&u_{1m}\\u_{21}&u_{22}&\cdots&u_{2m}\\\vdots&\vdots&&\vdots\\u_{p1}&u_{p2}&\cdots&u_{pm}\end{bmatrix}$$

运用相对熵理论，定义两种不同赋权方法下权重向量的相对熵如下。

定义 5.2 权重向量的相对熵 设 $\boldsymbol{u}_i$，$\boldsymbol{u}_j$ 是两种不同赋权方法下所得的权重向量，则称 $h(\boldsymbol{u}_i,\boldsymbol{u}_j)=\sum_{n=1}^{m}u_{in}\ln\dfrac{u_{in}}{u_{jn}}$ 为权重向量 $\boldsymbol{u}_i$ 相对于 $\boldsymbol{u}_j$ 的相对熵。

由相对熵的性质可知，$h(\boldsymbol{u}_i,\boldsymbol{u}_j)$ 可用来度量两种赋权方法得到的权重向量 $\boldsymbol{u}_i$ 和 $\boldsymbol{u}_j$ 的符合程度。$h(\boldsymbol{u}_i,\boldsymbol{u}_j)=0$，当且仅当 $\forall n\in\{1,2,\cdots,m\}$，$\exists u_{i\nu}=u_{j\nu}$。

设组合权重可表示为 $\boldsymbol{W}=(w_1,w_2,\cdots,w_m)$，$\sum_{j=1}^{m}w_j=1(w_j\geq0)$。则由定义 5.2 权重向量的相对熵可知，为保证组合权重与每种赋权方法的权重之间的相对熵最小，可构造如下的优化模型：

$$\begin{cases}\min H(\boldsymbol{w})=\sum_{j=1}^{p}\sum_{i=1}^{m}w_i\ln\dfrac{w_i}{u_{ji}}\\\text{s. t. }\sum_{i=1}^{m}w_i=1(w_i\geq0)\end{cases}\tag{5-4}$$

最优化模型可以得到以下结论。

定理 5.1 最优化模型（5-4）有全局最优解：

$$w_i=\prod_{j=1}^{p}(u_{ji})^{\frac{1}{p}}\Big/\sum_{i=1}^{m}\prod_{j=1}^{p}(u_{ji})^{\frac{1}{p}}(i=1,2,\cdots,m)\tag{5-5}$$

详细的证明求解过程可参考文献 [144]，定理 5.1 给出了基于相对熵最小优化模型中组合权重的计算公式。

5.4 多属性条件下物联网监测数据的可靠性反演

5.4.1 不同分属性污染源量化值的计算

设第 i 类分属性污染源的量化值为 EVA，其指标层起始下标为 n，该类分属

性指标层共包含 L 个指标（$L<m$），则

$$EVA = \sum_{k=n}^{L+n-1} (et_k \cdot w_k) \tag{5-6}$$

将公式（5-5）代入公式（5-6）可得

$$EVA = \sum_{k=n}^{L+n-1} \left[(et_k) \cdot \left(\prod_{j=1}^{p} (u_{jk})^{\frac{1}{p}} \Big/ \sum_{i=1}^{m} \prod_{j=1}^{p} (u_{ji})^{\frac{1}{p}} \right) \right] \tag{5-7}$$

设第 i 类分属性污染源排放数据的最低阈值为 TL

$$TL = \min(EVA) \tag{5-8}$$

5.4.2　不同分属性污染源排放等级划分和说明

为了使雾霾重点污染源排放数据的反演更精准，则根据污染源排放数据的阈值动态地配置 L 个不同的异常等级，同时对这些等级依次从高到低进行编号。编号 i 定义为整形变量（$i \in \{1,2,\cdots,L\}$），则异常区间范围依次从高到低排列如下：

$$\left[1, 1-\frac{TH}{L-1}\right], \left[1-\frac{TH}{L-1}, 1-2\times\frac{TH}{L-1}\right], \cdots, \left[1-(L-2)\times\frac{TH}{L-1}, TL\right], [TL, 0]$$

其中 TL 是各类污染源排放数据的最低阈值，且 TH+TL=1。每次监测数据更新后，总次数 n 加1，判断各分属性污染源量化的值属于哪个范围，则相应范围所对应的变量加1，其他保持不变。为了满足雾霾重点污染源监测信息多样化、普适性需求，还需要保存多个不同节点值同时属于各类分属性不同范围的次数，以实现多个属性条件下雾霾重点污染源排放数据的计算。用二维数组存储节点值同时落在两个不同节点范围内的次数，用三维或四维数组存储节点值同时落在 3 个或 4 个不同节点范围的次数。

用数组名区分不同的节点，数组下标区分污染源排放数据的等级范围，用 $|T_i|$，$|S_i|$，$|P_i|$，$|K_i|$，$|M_i|$（$1 \leqslant i \leqslant L$）分别表示在所监测污染源排放历史中污染源等级、气体污染源、粒状污染源、恶臭物质污染源和二次污染源排放数据的等级分别属于 T_i，S_i，P_i，K_i，M_i 范围内的次数，用 $P(T_i)$，$P(S_i)$，$P(P_i)$，$P(K_i)$，$P(M_i)$ 表示相应的概率。

假设分属性为 A，则 $|A_i|$（$1 \leqslant i \leqslant L$）代表该属性数据落在 L 个不同排放等级的次数，其值的计算可由公式（5-9）得到。

$$|A_i|=\begin{cases}|A_1|+1,\left(1-\dfrac{\text{TH}}{L-1}\leq\sum\limits_{k=n}^{L+n-1}\left[(\text{et}_k)\cdot\left(\prod\limits_{j=1}^{p}(u_{jk})^{\frac{1}{p}}\Big/\sum\limits_{i=1}^{m}\prod\limits_{j=1}^{p}(u_{ji})^{\frac{1}{p}}\right)\right]\leq1\right)\\[2ex]|A_2|+1,\left(1-2\cdot\dfrac{\text{TH}}{L-1}\leq\sum\limits_{k=n}^{L+n-1}\left[(\text{et}_k)\cdot\left(\prod\limits_{j=1}^{p}(u_{jk})^{\frac{1}{p}}\Big/\sum\limits_{i=1}^{m}\prod\limits_{j=1}^{p}(u_{ji})^{\frac{1}{p}}\right)\right]\leq1-\dfrac{\text{TH}}{L-1}\right)\\[2ex]\vdots\\[1ex]|A_{L-1}|+1,\left(1-(L-2)\cdot\dfrac{\text{TH}}{L-2}\leq\sum\limits_{k=n}^{L+n-1}\left[(\text{et}_k)\cdot\left(\prod\limits_{j=1}^{p}(u_{jk})^{\frac{1}{p}}\Big/\sum\limits_{i=1}^{m}\prod\limits_{j=1}^{p}(u_{ji})^{\frac{1}{p}}\right)\right]\leq\text{TL}\right)\\[2ex]|A_L|+1,\left(0\leq\sum\limits_{k=n}^{L+n-1}\left[(\text{et}_k)\cdot\left(\prod\limits_{j=1}^{p}(u_{jk})^{\frac{1}{p}}\Big/\sum\limits_{i=1}^{m}\prod\limits_{j=1}^{p}(u_{ji})^{\frac{1}{p}}\right)\right]\leq\text{TL}\right)\end{cases}$$
$$(1\leq i\leq L)$$

$$(5-9)$$

同理，将各类分属性的证据值和权重值代入公式（5-9），就可获得 $|S_i|$，$|P_i|$，$|K_i|$，$|M_i|(1\leq i\leq L)$ 单个分属性数据落在不同范围的次数，也可获得多个分属性数据同时落在不同范围内的次数。

5.4.3　物联网监测数据的可靠性反演

在对物联网监测系统数据的可靠性反演之前，先必须计算出企业污染源排放数据的总先验概率，周边各类具体分属性排放数据的先验概率及其条件概率。在此基础上，对不同分属性条件下的污染源排放数据进行反演分析。

1. 污染源排放数据的先验概率

其计算公式为：

$$P(T_i)=\frac{|T_i|}{n}\quad(1\leq i\leq L),\quad 并且\sum_{i=1}^{L}P(T_i)=1\qquad(5-10)$$

其中，n 表示对污染源排放数据进行监测的总次数，$|T_i|$ 表示在整个监测历史中，企业污染源排放数据等级落在 T_i 范围内的次数。其余周边各类分属性的先验概率的计算与此类似，不再赘述。

2. 分属性节点的条件概率

周边各类具体分属性条件概率的计算，以 $P(A_j|T_i)$ 条件概率的计算为例，它表示企业污染源排放数据落在 T_i 这个范围内的条件下，各类分属性污染源排放数据在 A_j 范围内的概率：

$$P(A_j \mid T_i) = \frac{P(A_j, T_i)}{P(T_i)} = \frac{|A_j \cap T_i|/n}{|T_i|/n} = \frac{|A_j \cap T_i|}{|T_i|} \tag{5-11}$$

定理 5.2　已知各分属性污染源排放数据的等级分别为 $A_i, B_j, \cdots, Z_k$，其中 i, $j, \cdots, k \in [1, L]$ 代表不同的排放等级，则多属性条件下基于物联网的雾霾重点污染源排放的等级，由贝叶斯公式可得：

$$P(T_i \mid A_i, B_j, \cdots, Z_k) = \frac{P(A_i, B_j, \cdots, Z_k \mid T_i) P(T_i)}{P(A_i, B_j, \cdots, Z_k)} \tag{5-12}$$

证明　由乘法定理可得：

$$P(A_i, B_j, \cdots, Z_k \mid T_i) P(T_i) = P(A_i, B_j, \cdots, Z_k, T_i) \tag{5-13}$$

由联合概率的计算公式可得：

$$P(A_i, B_j, \cdots, Z_k, T_i) = P(A_i \cap B_j \cap \cdots \cap Z_k \cap T_i)$$
$$= \frac{|A_i \cap B_j \cap \cdots \cap Z_k \cap T_i|}{n} \tag{5-14}$$

$$P(A_i, B_j, \cdots, Z_k) = P(A_i \cap B_j \cap \cdots \cap Z_k)$$
$$= \frac{|A_i \cap B_j \cap \cdots \cap Z_k|}{n} \tag{5-15}$$

则将公式（5-13）、公式（5-14）和公式（5-15）代入公式（5-12）可得：

$$P(T_i \mid A_i, B_j, \cdots, Z_k) = \frac{|A_i \cap B_j \cap \cdots \cap Z_k \cap T_i|}{|A_i \cap B_j \cap \cdots \cap Z_k|}$$

3. 以最大概率原则决策最终反演的雾霾重点污染源排放级别 rank 为：

$$P(T_{\text{rank}} \mid A_i, B_j, \cdots, Z_k) = \max P(T_i \mid A_i, B_j, \cdots Z_k) \tag{5-16}$$

综上所述，多条件下物联网监测数据的可靠性反演的流程如下：首先计算出污染源排放数据的先验概率，各类分属性排放数据的先验概率及其条件概率；其次代入定理 5.2，对不同分属性条件下的污染源排放数据进行反演分析；最后获得的概率最大值所对应的级别即为当前污染源的排放等级，其流程如图 5-2 所示。

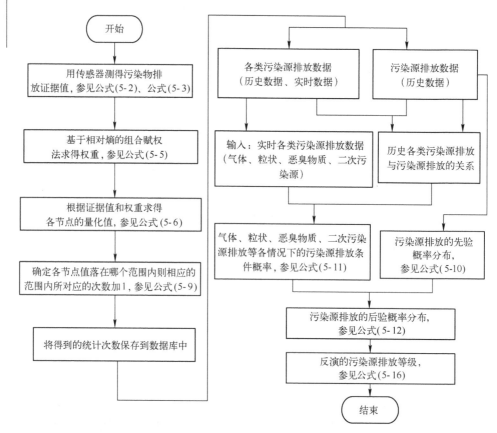

图 5-2　基于物联网的雾霾重点污染源排放数据的可靠性反演与修正流程图

5.5　系统测试与分析

以河北省某火力发电厂作为案例，根据实测数据和基础数据，对其基于物联网的雾霾重点污染源监测系统中监测数据的可靠性反演性能进行测试。为获取真实可用的雾霾重点污染源监测数据，由周边监测传感器节点和厂区用电子栅栏保护的可信传感器节点获得雾霾重点污染源的相关数据。

5.5.1　数据采集和处理

本章选择河北省某火力发电厂监测点 30 天（2016.9.14—2016.10.13）的雾霾重点污染源监测数据来进行雾霾重点污染源的反演。根据雾霾重点污染源排放数据的特点，以 1 h 为时间粒度进行重点污染源的反演，采集的检测样本数据共 720 条。

其中，将 2016 年 9 月 14 日到 2016 年 10 月 12 日这一时段的共 696 条数据作为样本数据（部分见表 5-1），将 2016 年 10 月 13 日 0 时到 23 时这一时段的共 24 条数据作为测试数据，并将预测结果与 10 月 13 日的实际数据进行对比分析。

表 5-1　监测样本数据（部分）

类别	点位代码	年	月	日	时	污染项目					
						$PM_{2.5}$	PM_{10}	SO_2	NO_2	CO	O_3
点位	1300000521	2016	09	14	00	0.055	0.067	0.042 5	0.044 6	1.367	0.057 1
点位	1300000521	2016	09	14	01	0.052	0.063	0.03	0.046 8	1.157 8	0.050 5
点位	1300000521	2016	09	14	02	0.043	0.079	0.043 7	0.056 5	1.188 6	0.043 3
点位	1300000521	2016	09	14	03	0.048	0.062	0.051 6	0.058 1	1.236 9	0.039 4
点位	1300000521	2016	09	14	04	0.051	0.063	0.053 9	0.064 6	1.261 9	0.035 2
点位	1300000521	2016	09	14	05	0.048	0.059	0.051 7	0.051 9	1.266 4	0.039
点位	1300000521	2016	09	14	06	0.035	0.062	0.075 6	0.067	1.261 6	0.036 8
点位	1300000521	2016	09	14	07	0.041	0.062	0.060 2	0.061 7	1.284 4	0.038
点位	1300000521	2016	09	14	08	0.122	0.209	0.125 2	0.121 9	1.098 9	0.023 5
点位	1300000521	2016	09	14	09	0.07	0.094	0.041 7	0.084 6	1.654 1	0.038
点位	1300000521	2016	09	14	10	0.096	0.12	0.072 5	0.085 7	3.476 4	0.055 6
点位	1300000521	2016	09	14	11	0.092	0.094	0.071 8	0.069	2.578	0.088 6
点位	1300000521	2016	09	14	12	0.077	0.109	0.110 4	0.044 7	1.422 9	0.133 9
点位	1300000521	2016	09	14	13	0.051	0.1	0.069	0.036 1	1.281 2	0.147 3
点位	1300000521	2016	09	14	14	0.037	0.05	0.026	0.032 5	1.216	0.125 8
点位	1300000521	2016	09	14	15	0.039	0.057	0.019 1	0.030 4	1.212 6	0.131
点位	1300000521	2016	09	14	16	0.044	0.056	0.014 8	0.027 7	1.193	0.134 4
点位	1300000521	2016	09	14	17	0.045	0.063	0.016 5	0.031 4	1.197 2	0.131 8
点位	1300000521	2016	09	14	18	0.053	0.082	0.038 9	0.039 2	1.252 4	0.125 9
点位	1300000521	2016	09	14	19	0.11	0.17	0.074 6	0.073 3	1.504 9	0.113 6
点位	1300000521	2016	09	14	20	0.165	0.235	0.085	0.077 3	1.849 6	0.093
点位	1300000521	2016	09	14	21	0.203	0.241	0.099 8	0.084 1	1.991 2	0.072 1
点位	1300000521	2016	09	14	22	0.186	0.235	0.128 5	0.083 1	2.037 4	0.067 7
点位	1300000521	2016	09	14	23	0.139	0.183	0.124 2	0.074 9	1.753 4	0.062

5.5.2　污染源排放数据的反演

重点污染源的反演分别从气体、粒状、恶臭物质、二次污染源等属性进行，每个属性又是由不同的污染证据组成。污染源的污染等级分为四级，分别为：

"极重""严重""重度""轻微"。

如表 5-2 所示，节点值落在不同范围内的次数，以及相应的二维数组如下。

表 5-2 污染源排放数据在各个范围内的次数

节点	1	2	3	4
T	209	207	172	108
S	348	171	94	83
P	263	255	104	74
K	260	175	120	141
M	383	151	90	72

由 48 h 污染源排放数据统计可以计算出二维数组中各元素的值，数组 TS、TP、TK、TM 等的值分别为：

$$\begin{bmatrix} 88 & 61 & 32 & 28 \\ 80 & 54 & 36 & 37 \\ 143 & 14 & 13 & 2 \\ 37 & 42 & 13 & 16 \end{bmatrix}, \begin{bmatrix} 70 & 82 & 40 & 17 \\ 66 & 76 & 32 & 33 \\ 89 & 52 & 22 & 9 \\ 38 & 45 & 10 & 15 \end{bmatrix}, \begin{bmatrix} 121 & 51 & 21 & 16 \\ 60 & 72 & 3 & 72 \\ 59 & 13 & 96 & 4 \\ 20 & 39 & 0 & 49 \end{bmatrix}, \begin{bmatrix} 106 & 41 & 29 & 33 \\ 119 & 35 & 29 & 24 \\ 93 & 50 & 23 & 6 \\ 65 & 25 & 9 & 9 \end{bmatrix}$$

其他多维数组通过相同的方式都可以得到，这里不一一列出。

由表 5-2 和二维数组各元素的值可得气体污染源排放数据的条件概率如表 5-3 所示。

表 5-3 气体污染源排放数据的条件概率

条件	T_1	T_2	T_3	T_4
S_1	88/209	80/207	143/172	37/108
S_2	61/209	54/207	7/86	21/54
S_3	32/209	36/207	13/172	13/108
S_4	28/209	37/207	1/86	4/27

将表 5-4 中的测试样本数据处理后得到的证据值、污染量化值和气体污染源排放数据的等级如表 5-5 所示。

表 5-4 测试样本数据

类别	点位代码	年	月	日	时	污染项目					
						$PM_{2.5}$	PM_{10}	SO_2	NO_2	CO	O_3
点位	1300000521	2016	10	13	00	0.129	0.185	0.101 2	0.128	1.860 9	0.059 4
点位	1300000521	2016	10	13	01	0.129	0.175	0.076 8	0.108 8	1.766 8	0.059 6

续表

类别	点位代码	年	月	日	时	污染项目					
						$PM_{2.5}$	PM_{10}	SO_2	NO_2	CO	O_3
点位	1300000521	2016	10	13	02	0.15	0.201	0.052	0.132 2	1.851 5	0.033 6
点位	1300000521	2016	10	13	03	0.154	0.223	0.052 8	0.168 6	2.057 1	0.020 3
点位	1300000521	2016	10	13	04	0.153	0.205	0.073	0.188 7	2.127 4	0.017
点位	1300000521	2016	10	13	05	0.153	0.211	0.095 6	0.177 4	1.953 4	0.018 8
点位	1300000521	2016	10	13	06	0.153	0.22	0.109 7	0.171 2	2.508 4	0.016 9
点位	1300000521	2016	10	13	07	0.149	0.258	0.163	0.203 2	3.632 2	0.015 1
点位	1300000521	2016	10	13	08	0.147	0.236	0.151 2	0.191 5	3.472 2	0.018 6
点位	1300000521	2016	10	13	09	0.138	0.23	0.155 6	0.179 4	2.986 6	0.022 4
点位	1300000521	2016	10	13	10	0.14	0.221	0.142 4	0.107 9	2.187 9	0.041 3
点位	1300000521	2016	10	13	11	0.118	0.19	0.133 1	0.075 9	1.868 4	0.074 5
点位	1300000521	2016	10	13	12	0.1	0.163	0.126 3	0.047 7	1.661 4	0.115 1
点位	1300000521	2016	10	13	13	0.101	0.124	0.091 3	0.035 8	1.606 9	0.144 7
点位	1300000521	2016	10	13	14	0.106	0.153	0.083	0.035 4	1.619 2	0.155 1
点位	1300000521	2016	10	13	15	0.102	0.148	0.072 4	0.031 8	1.524 6	0.164 6
点位	1300000521	2016	10	13	16	0.109	0.128	0.072	0.031 5	1.539 1	0.162 2
点位	1300000521	2016	10	13	17	0.107	0.141	0.070 1	0.034 8	1.602 6	0.157 7
点位	1300000521	2016	10	13	18	0.089	0.139	0.055 5	0.037 1	1.473 6	0.139 8
点位	1300000521	2016	10	13	19	0.093	0.13	0.059 6	0.047	1.529 8	0.124 1
点位	1300000521	2016	10	13	20	0.101	0.136	0.064 8	0.051	1.590 7	0.104 3
点位	1300000521	2016	10	13	21	0.089	0.124	0.052	0.031 5	1.473 6	0.015 1
点位	1300000521	2016	10	13	22	0.154	0.258	0.163	0.203 2	3.632 2	0.164 6
点位	1300000521	2016	10	13	23	0.106	0.153	0.083	0.035 4	1.619 2	0.155 1

表 5-5　测试样本证据值、量化值和污染等级

类别	点位代码	年	月	日	时	污染项目						量化值	污染等级
						$PM_{2.5}$	PM_{10}	SO_2	NO_2	CO	O_3		
点位	1300000521	2016	10	13	00	0.615	0.455	0.443	0.562	0.179	0.296	0.49	3
点位	1300000521	2016	10	13	01	0.615	0.381	0.223	0.45	0.136	0.298	0.437	2
点位	1300000521	2016	10	13	02	0.938	0.575	0	0.586	0.175	0.124	0.57	3
点位	1300000521	2016	10	13	03	1	0.739	0.007	0.798	0.27	0.035	0.644	3
点位	1300000521	2016	10	13	04	1	0.739	0.007	0.798	0.27	0.035	0.644	3
点位	1300000521	2016	10	13	05	0.985	0.649	0.393	0.85	0.222	0.025	0.659	3
点位	1300000521	2016	10	13	06	0.985	0.716	0.52	0.814	0.479	0.012	0.694	3
点位	1300000521	2016	10	13	07	0.923	1	1	1	1	0	0.828	4

类别	点位代码	年	月	日	时	污染项目						量化值	污染等级
						$PM_{2.5}$	PM_{10}	SO_2	NO_2	CO	O_3		
点位	1300000521	2016	10	13	08	0.892	0.836	0.894	0.932	0.926	0.023	0.757	4
点位	1300000521	2016	10	13	09	0.754	0.791	0.933	0.861	0.701	0.049	0.689	3
点位	1300000521	2016	10	13	10	0.785	0.724	0.814	0.445	0.331	0.175	0.643	3
点位	1300000521	2016	10	13	11	0.446	0.493	0.731	0.259	0.183	0.397	0.459	3
点位	1300000521	2016	10	13	12	0.169	0.291	0.669	0.094	0.087	0.669	0.319	2
点位	1300000521	2016	10	13	13	0.185	0	0.354	0.025	0.062	0.867	0.236	2
点位	1300000521	2016	10	13	14	0.262	0.216	0.279	0.023	0.067	0.936	0.323	2
点位	1300000521	2016	10	13	15	0.2	0.179	0.184	0.002	0.024	1	0.286	2
点位	1300000521	2016	10	13	16	0.168	0.016	0.18	0	0.016	0.984	0.285	2
点位	1300000521	2016	10	13	17	0.277	0.127	0.163	0.019	0.06	0.954	0.295	2
点位	1300000521	2016	10	13	18	0	0.112	0.032	0.033	0	0.834	0.155	1
点位	1300000521	2016	10	13	19	0.062	0.045	0.068	0.09	0.026	0.729	0.155	1
点位	1300000521	2016	10	13	20	0.185	0.09	0.115	0.114	0.054	0.597	0.201	2
点位	1300000521	2016	10	13	21	0	0.112	0.032	0.033	0	0.834	0.155	2
点位	1300000521	2016	10	13	22	0.615	0.381	0.223	0.45	0.136	0.298	0.437	2
点位	130000052	2016	10	13	23	0.262	0.216	0.279	0.023	0.067	0.936	0.323	2

　　由表5-5和公式（5-12）、公式（5-16），用贝叶斯网络反演及灰色系统 GM(1,1)模型得到污染源排放数据的反演等级如表5-6所示。

　　通过反演结果比较，发现物联网监测系统数据的可靠性反演模型在一定程度上比 GM(1,1)预测模型具有更多的优势，分析原因主要是本章在给出分属性污染源各等级次数时，进行量化处理，动态配置等级范围，使得反演更客观、准确。基于物联网的雾霾重点污染源排放数据等级的反演，结果是较为理想的，反演精度达到了83.3%。通过表5-6可以，发现雾霾污染源的排放数据的等级在相当长的时间内并未发生变化，这是由于雾霾污染源排放是一个渐进的过程，因而在表中雾霾污染源排放数据等级在一段时间内维持在同一水平。

表5-6　不同模型预测结果

时间	监测值	贝叶斯网络反演值	GM(1,1)预测值
2016 年 10 月 13 日 00 时	1	2	2
2016 年 10 月 13 日 01 时	1	1	1
2016 年 10 月 13 日 02 时	1	2	1
2016 年 10 月 13 日 03 时	2	2	2

续表

时间	监测值	贝叶斯网络反演值	GM(1,1) 预测值
2016 年 10 月 13 日 04 时	2	2	1
2016 年 10 月 13 日 05 时	2	2	1
2016 年 10 月 13 日 06 时	2	2	1
2016 年 10 月 13 日 07 时	2	2	2
2016 年 10 月 13 日 08 时	2	2	2
2016 年 10 月 13 日 09 时	2	2	2
2016 年 10 月 13 日 10 时	2	2	2
2016 年 10 月 13 日 11 时	2	2	2
2016 年 10 月 13 日 12 时	1	1	1
2016 年 10 月 13 日 13 时	1	1	1
2016 年 10 月 13 日 14 时	1	1	2
2016 年 10 月 13 日 15 时	1	1	1
2016 年 10 月 13 日 16 时	1	1	1
2016 年 10 月 13 日 17 时	1	1	1
2016 年 10 月 13 日 18 时	2	3	2
2016 年 10 月 13 日 19 时	2	3	2
2016 年 10 月 13 日 20 时	1	1	1
2016 年 10 月 13 日 21 时	1	1	1
2016 年 10 月 13 日 22 时	1	1	1
2016 年 10 月 13 日 23 时	1	1	1

5.6　本章小结

　　本章针对雾霾重点污染源监测系统中断或监测数据异常的问题，提出了多属性条件下物联网监测系统数据的可靠性反演与修正机制。详细阐述了实现雾霾重点污染源排放数据反演的建模原理、步骤、方法及推理准则。该机制在河北省某火力发电厂产生的雾霾污染源历史数据的基础上进行了验证，测试结果表明该机制反演精度较高。下一步拟在实际系统中对可靠性的效果进行不断的修正，使得雾霾污染源监测系统的漏洞与局限性达到最小。

第6章 物联网监测数据的离群值检测算法

6.1 本章引论

物联网将分散在世界各地的数百万个对象、传感器节点进行连接、通信和数据交换，并使用其传感器生成大量数据的网络[145]。物联网已经影响日常生活中的许多领域，如城市、家庭、健康部门等[146]，并将对社会产生重大影响。与数据相关的一份实验报告指出了 IoT 时代角色的变化，相互连接的智能物品将成为主要的数据生产者和消费者。此外，随着技术的进步，嵌入式传感器设备的数据收集能力也逐步提高，从而增加了来自物理世界的数据和更多连续的数据流。数据代表了连接网络世界和物理世界的桥梁[147]。物理世界到数字世界的数据流动将扩展计算机对周围环境的认识，从而人类将获得无处不在的服务。新产品和服务的质量在很大程度上依赖于物联网设备所收集的数据质量。如果数据的质量差，则决策可能不合理。数据质量是获得用户参与和接受物联网服务的关键。

文献［148-150］表明了数据质量（DQ）对数据挖掘过程的重要性，以及低 DQ 对这些过程结果有效性的影响，从而得出应确保 DQ 和准确性的结论。文献［151-152］提出了物联网的许多因素包括部署规模、资源有限和连接中断正在危及生产数据的质量。许多 DQ 问题，在 DQ 维度的水平上可以测量，低 DQ 是由危险因素产生的结果。DQ 中这些偏差的一个主要表现是数据离群值[153-155]。为了避免低 DQ 所带来的后果，需要对数据离群值进行处理，以提高数据的质量。

本章提出了一种新的结合多元回归 MARS 模型和概率规划的多元离群点检测方法，并将该方法应用到物联网数据的异常检测。本方法使用一个多变量自适应回归样条曲线 MARS 模型来拟合具有单一因变量的多个预测因子变量，然后 MARS 模型的残差被用作可推广的、完全贝叶斯概率模型的输入，以检测离群值。最后，将该算法成功应用于物联网数据的离群值分析。目前还没有看到将多元回归 MARS 模型和概率规划模型结合来检测物联网数据中多变量离群值的相关报道。

　　本章余下部分的内容安排如下：6.2 节问题描述。6.3 节提出了结合 MARS 回归模型和概率模型的多元离群值检测方法。6.4 节实验设计与结果分析。6.5 节对该研究工作进行了总结。

6.2　问题描述

　　离群值是位于主要数据分组之外的某个值，或者不适合某个正常模型的数据点[156]，其中模型可以基于距离、密度、回归等。检测和标记离群值的一种简单方法是提供一个上限或下限阈值，但前提是要了解整个数据集。在许多情况下，例如检测欺诈，使用多个变量可以在检测和调查可能的离群值时提供有价值的信息。与单变量方法相比，使用多变量输入数据检测离群值的技术研究较少。研究多元离群值、回归模型和单变量的一个原因是，在多元回归的背景下，单变量离群值可能不是极端的，并且在双变量或单变量分析中，多元离群值可能无法检测到。

　　另外，在马氏距离和 k-均值聚类研究各种离群点检测方法时都有规范性假设，另一个重要因素是数据分布的形状。一般来说，大多数常见的离群点检测技术在正态分布数据上都有很好的表现。在单变量方法中，假设数据服从正态分布，因此需要数据呈现正态分布或进行适当的变换，如对数或平方根变换。在讨论的两种多变量技术中，马氏距离基于多变量正态分布的假设。铰链函数同样应用变换函数以帮助创建多元回归分布。但需要注意的是，变换并不总是有效的，因此任何结果都必须转换回原始空间。这些方法的这一弱点可能导致检测出不正确的离群值，特别是在非正态分布的数据集中。因此，一种不依赖于设置的距离值阈值，也不需要参数来指定邻居或集群的数量的离群值检测方法亟待提出。

6.3　基于 MARS 回归模型和概率规划的多元离群点检测算法

　　本节详细介绍基于 MARS 回归模型和概率规划的多元离群点检测方法的两个必要组成部分，即 MARS 回归模型和概率模型。6.3.1 节介绍利用 MARS 模型计算出学生化残差，以便概率模型使用这些残差来检测离群值；6.3.2 节介绍通过贝叶斯推理得出概率规划的可信区间；6.3.3 节介绍概率模型的实现。

6.3.1　MARS 回归模型

　　MARS 是一个非参数回归模型，它解释了变量之间的非线性及其相互作用[157]。在 MARS 模型中，铰链函数被用作分段线性函数来拟合数据。通过组合这些铰链函数的变量关系，形成一种非线性函数。MARS 的优点是有利于创建多变量模型，包括铰链函数能够自动划分输入数据，在某种程度上包含输入数据中离群值的影响和快速预测。此外，自动特征选择选出最相关的特征，从而在使用模型检测具有多个变量的离群值时减少噪声和可能的离群值。MARS 执行自动变量选择，适用于大型数据集，比传统线性模型更灵活。公式（6-1）描述了使用 MARS 构建的模型：

$$\hat{f}(x) = \sum_{i=1}^{n} c_i B_i(x) \tag{6-1}$$

式中：c_i——常数系数；

$\quad B_i(x)$——基函数，可取值为 1，也可取值为铰链函数 $\max\{0, x-c_i\}$ 或 $\max\{0, c_i-x\}$。

MARS 模型的输出是残差或模型误差，用于探测可能的离群值。模型的绝对残差是实际值和预测值之差，即 $\varepsilon_i = y_i - \hat{y}_i$（$y_i$ 是实际值，$\hat{y}_i$ 是预测值）。在本研究中，计算了内部学生化的残差[158-159]，这是一种对残差输出进行归一化的方法，以便于直接比较残差。通常，残差的真实标准差是未知的，因此估计的标准差用于计算学生化残差。这些研究化残差是 t 统计量的一种形式，各点之间的误差估计是不同的。公式（6-2）、公式（6-3）和公式（6-4）描述了在给定输入设计矩阵 $\boldsymbol{X}$ 时，生成内部学生化残差的过程。

$$\boldsymbol{H} = \boldsymbol{X}(\boldsymbol{X}^{\mathrm{T}}\boldsymbol{X})^{-1}\boldsymbol{X}^{\mathrm{T}} \tag{6-2}$$

$$\sigma^2 = \frac{1}{n-m}\sum_{j=1}^{n} \varepsilon_j^2 \tag{6-3}$$

$$t_i = \frac{\varepsilon_i}{\sigma\sqrt{1-h_{ii}}} \tag{6-4}$$

式中：$\boldsymbol{H}$——hat 矩阵，它是设计矩阵 $\boldsymbol{X}$ 在列空间上的正交投影；

$\quad \varepsilon$——绝对残差；

$\quad \sigma^2$——残差的方差；

$\quad h_{ii}$——hat 矩阵对角线上的值；

$\quad t$——学生化残差。

该模型利用多变量 MARS 模型残差结果来实现数据可能存在的离群值概率。

6.3.2 概率规划与贝叶斯推理

概率规划利用高级语言来创建概率模型并自动求解，本模型结合了概率规划，用于检测物联网数据中的离群值，并实现完整的贝叶斯推理。贝叶斯推理提供了一种将新的证据与先前的信念或假设相结合的方法，通过应用贝叶斯规则来实现，贝叶斯公式如式（6-5）所示：

$$P(A \mid X) = \frac{P(X \mid A)P(A)}{P(X)} \tag{6-5}$$

在贝叶斯规则中，$P(A)$ 是事件 A 的先验概率，$P(X)$ 是 X 的先验概率，$P(X \mid A)$ 是给定事件 A 的 X 的相似性，$P(A \mid X)$ 是后验概率。

概率规划作为一种通用的推理技术，能够建立某一事件或特征的模型，如异常点的检测，并对预测进行概率推理，从过去的事件中推断原因，从过去的经验中学习以改进预测。概率规划的核心是概率推理，概率模型是用编程语言来实现的。这在一定程度上是因为概率程序被解释为一种分布，人们可以从中使用工具来询问有关分布的问题。此外，这些建模语言将随机事件作为原语合并，如前所述，它们是基于运行环境处理推理的。还有其他可用的表示类型语言，如贝叶斯信念网络和隐马尔可夫模型。然而，这些方法只是简单模拟，而不是机器学习。概率程序类似于可以运行和分析的模拟。

贝叶斯技术为本模型中的不同参数提供了可信区间。可信区间表明，某个值或参数在区间带内的概率为 80% 或 95%。这比传统的置信区间更容易解释，因为传统的置信区间表明，如果一个实验重复多次，那么 80% 或 95% 的时间值都在这个区间内。此外，与其他评估结果可信度的方法一样，如果模型是真实的，那么结果周围的可信区间是可靠的。

6.3.3 概率模型

为了创建离群点检测概率模型，从 MARS 回归模型残差中检测离群值，作为双重方法的一部分，本章使用了 Stan 概率编程语言[160]。在 Stan 上，后验分布是每个未知参数的充分条件。这是用汉密尔顿蒙特卡罗（Hamiltonian Monte Carlo，HMC）和 No-U-Turn 采样器（NUTS）完成的，这两种采样器都是在 Stan 中实现的，用于执行统计推断。模型拟合是通过指定全似然函数和所有未知参数的先验分布来完成的。算法 6.1 给出了所提出的概率模型算法。

算法 6.1：概率模型算法

Input：长度为 N 的向量 y

Output：最终的离群值概率

1. int<lower = 0>N1；
   vector[N1] y；

```
        Int<lower=0>N2;
        vector[N2]y2;//数据的输入
2.  real mu;
        real<lower=0>sigma;平均分布
        real<lower=0>nu;//模型所需要的参数,模型的设计参数输入
3.  mu~normal(100,100)//mu平均分布
4.  sigma~normal(100,100)//sigma标准差分布
5.  nu ~ cauchy(7 ,5);
        for(i in 1:N1){
         y[i] ~ student_t(nu, mu, sigma);
        }//离群值的学生t分布
6.  vector[N2] cdf_prob;//概率累计的数据
7.  vector[N2] ccdf_prob;//数据的逆
8.  vector[N2] prob;
        for(i in 1:N2){
            cdf_prob[i] = student_t_cdf(y2[i], nu, mu, sigma);
            ccdf_prob[i] = 1 - cdf_prob[i];
        prob[i] = 2 * (cdf_prob[i] * ccdf_prob[i]);
        }//生成最终的离群值概率
```

首先声明了 3 个与实际输入相对应的输入变量,包括用于评估离群值的总体(或样本)向量、用于查找离群值的检查值及每个向量的长度。Stan 要估计的未知模型参数是样本空间与要检查的输入值(从中检测离群值)的平均值和标准偏差,以及 t 分布的自由度。对于离群值的检测,假设 t 分布的概率,使用均值、标准差和公式(6-6)中定义的自由度,公式(6-6)显示概率密度函数:

$$f(t) = \frac{\Gamma\left(\frac{\nu+1}{2}\right)}{\sqrt{\nu\pi}\,\Gamma\left(\frac{\nu}{2}\right)}\left(1+\frac{t^2}{\nu}\right)^{-\frac{\nu+1}{2}} \tag{6-6}$$

t 分布是对称的钟形分布[161],类似于正态分布,峰值为零。不同的是,数据的扩散比标准正态分布的扩散要大。因此,t 分布可以更好地捕捉数据集中更宽的尾部,以便更好地描述离群值分布。

同时为均值和标准差定义了不确定性或模糊的正态分布先验,并为自由度定义了柯西分布[162-163]。这是因为使用了样本标准差,并且是随不同样本而变化的随机量,因此在 t 分布中具有较大的可变性和扩散性。该值的可能

性被定义为一个约束在 0 的下限的 t 分布。如贝叶斯方法所述，证据可能支持或取代任何先前的假设；因此，非信息先验的使用对模型的可能性没有显著影响，因为大多数概率更多地受证据而不是先验假设的影响。最后声明要生成的模拟参数以外的量。在这种情况下，只需生成大于或小于某个值的累积 t 分布函数，其中 t 分布累积分布函数是 $\int t(v)\,\mathrm{d}x$，变量来自生成的量 Stan 模型块。

　　在使用 Stan 概率编程语言时，概率语句用标准符号表示，如 $y \sim \mathrm{N}(\mu, \sigma)$。这意味着变量 y 模型数据被声明为具有给定均值和标准差的正态分布，用这个符号来表示本章的概率模型。公式（6-7）定义了参数的 3 个先验分布 μ、σ 和 ν，公式（6-8）给出了这些参数的数据模型（似然分布），注意柯西分布仅限于正值。每个正态分布函数和柯西先验分布函数（μ_1、μ_2、σ_1、σ_2、x 和 γ）中的参数都是固定值，它们汇总了根据数据检测和实验选择的任何先验信息。

$$
\begin{cases}
\mu \sim \mathrm{N}(\mu_1, \sigma_1) \\
\sigma \sim \mathrm{N}(\mu_2, \sigma_2) \\
\nu \sim \mathrm{N}(x, \gamma)
\end{cases}
\tag{6-7}
$$

$$
y \sim t(\nu, \mu, \sigma) \tag{6-8}
$$

　　对于最终结果，本章计算了在大多数观测值背景下，观测到更极端值的概率，该概率存储在离群值概率模型变量 prob 中。值得注意的是，离群值概率的阈值与数据密切有关。

6.4　实验设计与分析

6.4.1　实验设计

　　本章提出的方法包含两部分，已检测离群值和可能的异常行为。MARS 模型和相应的残差是物联网数据中离群值处理的第一步，它解决了数据集的多变量性质。在为每个专业创建了多元回归模型后，第二部涉及使用生成的学生 t 分布模型残差来检测离群值。模型是通过物联网数据集和特定的数据种类来建立的。

　　本研究使用 R 编程语言和 MARS 的 earth 包实现来创建和验证每个模型。分类和回归训练 CARET 包用于创建最终的 MARS 模型，并选择 10 倍交叉验证来减少训练模型的过度拟合。在进行 10 倍交叉验证中，将 90% 的数据集用于模型训练，10%用于测试，从而能够使用所有的可用数据来密切估计最终模型的预测性能。为了创建完全贝叶斯异常检测概率模型，本章使用了 Stan 概率编程语言的 rstan。

6.4.2　实验结果及讨论

本章提出了完整的多变量离群值检测方法，在本节中将该方法与马氏距离、k-均值聚类方法进行比较。实验数据选择了基于物联网的雾霾部分数据进行离群值检测。该实验数据来源于某地区区委大楼 2016 年 5 月 3 日 0 点到 5 月 7 日下午 5 点空气中 $PM_{2.5}$ 的观测值，以小时为单位，共计 114 条数据。

在计算马氏距离时，需要确定阈值或距离，将超过阈值或距离的值视为离群值。在比较中，采用降序对数据值相隔距离进行排序。此外，距离的确定是根据数据的种类而确定的，在某种程度上是任意的。计算出的距离在本质上并不能决定大于该距离的值一定为离群值。可以通过几种不同的方式使用马氏距离检测离群值。其中一种方法使用平均马氏距离的 1.5 或 3.0 倍的值来创建阈值与每个距离进行比较，高于阈值的值被视为离群值。

对于 k-均值聚类，关键因素是决定数据值聚类的数量。在本章的分析中，使用了肘部方法，它能直观地描绘集群内方差与集群数量的关系。当方差达到稳定点时，选择最佳聚类数。

1. MARS 模型分析

图 6-1 给出了 MARS 模型选出离群值的分析过程。在图 6-1 中，首先通过模型选择器对数据量进行量化分析，然后计算出数据的累积分布率，通过累积分布率得到了数据值的集群分布图。经过 MARS 回归模型的演算，被标记为 27、34、41 的数据可能为离群值。MARS 模型通过计算出的残差去检测离群值，而本章提出的算法可以通过 MARS 模型计算出的残差得出数据为离群值的概率。

2. 多变量离群值检测方法比较

下面将本章提出的概率模型与马氏距离、k-均值聚类的离群值检测效果进行比较，结果如图 6-2 所示。

由图 6-2 可知，k-均值聚类选出的离群值过多并且分散，主要是由于数据值并不是过于聚集，从而导致选出的离群值过多，因此可能会存在误判。本章提出的算法选出的全部离群值与马氏距离选出的部分离群值重叠，而 k-均值聚类和马氏距离选出的离群值只有 3 个重叠，主要是由于本方法首先通过 MARS 模型计算出数据的残差，然后将残差作为输入，进而得出数据异常的概率，因此能更准确地选出离群值。

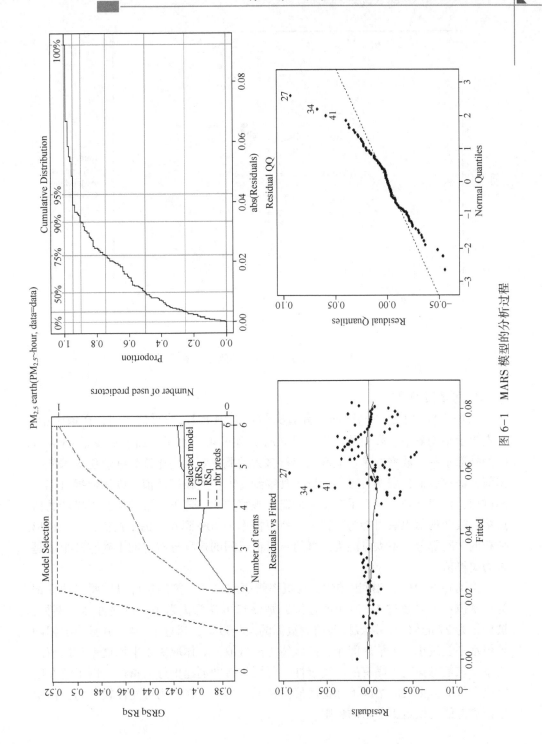

图 6-1　MARS 模型的分析过程

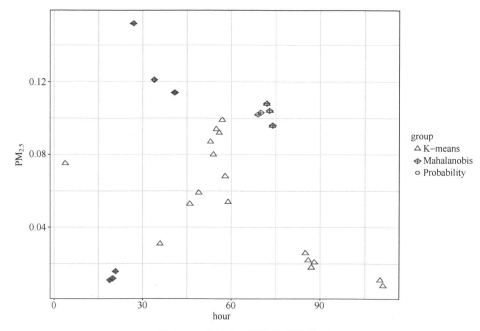

图 6-2　多变量离群值检测效果图

3. 可信区间分析

图 6-3 显示了基于物联网的雾霾实验数据中 $PM_{2.5}$ 的可信区间，在该图中，黑点表示平均概率，较粗的水平线是 80% 区间的可信水平，细水平线是 95% 区间的外部水平。数据的平均概率表明有多大的概率观察到比该数据值更极端的数据值，概率越低，表明有很小的概率观察到比该值更极端的值，则该数据可能为离群值，概率越高，则表示有很大的概率观察到比该值更极端的值，更极端的值过多，表明该值也有可能为离群值。所以概率为 40% 到 60% 的数据值，处于钟形分布的中间部分，不太可能为离群值。可信区间的这种分布有助于确定某个值是否为离群值。

由图 6-3 可知，当间隔位于 1% 概率阈值左侧或右侧的值可以被明确地标记为正常值；如果超过 1% 的阈值范围，则该点可视为离群值，反之亦然。例如，被标记为 27 的数据，该数据与前后数据的间隔过大，超过了 1%，并且该数据的较粗水平线过小，可信区间小，则该值为离群值。具体取决于平均概率与阈值的关系。该信息捕获了固有的不确定性，可用于帮助创建更好的指标，以了解在给定更多可变数据集的情况下标记离群值，或者相反，在使用可变性较小的数据集标记离群值时设定更严格的界限。

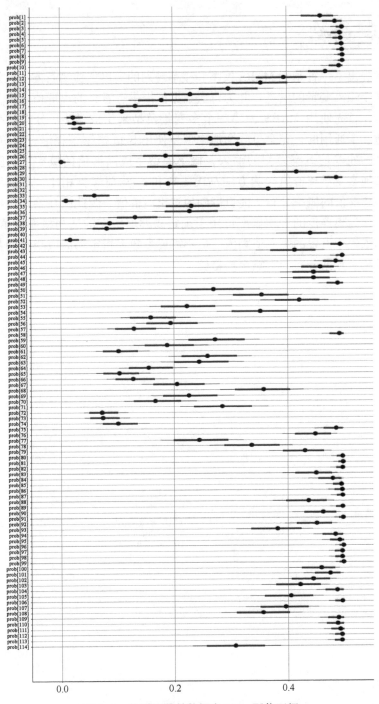

图 6-3　物联网雾霾数据中 PM$_{2.5}$可信区间

6.5   本章小结

本章提出了一种基于 MARS 模型和概率规划的离群值检测新方法，该方法考虑来自多个输入变量的信息，并为每次数据值提供有意义的离群值概率。为了做到这一点，首先使用 MARS 创建一个多变量模型来生成学生 t 分布的残差。然后，创建一个通用的、完全贝叶斯概率模型使用 Stan 概率编程语言检测离群值。回归模型的残差是概率模型的输入，概率模型生成离群值的概率。实验结果表明，与其他多变量离群值检测方法马氏距离和 k-均值聚类相比，本模型返回值是数据为离群值的概率分布，能更准确地选出离群值。因此，在给定某些特定数据集时，作为离群值的平均概率可用于确定离群值所需的适当概率阈值。同时，本方法不依赖于设置的距离值阈值，也不需要参数来指定邻居或集群的数量。此外，本算法对数据分布的影响更加稳健。

第 7 章　物联网监测系统用户服务的可靠性与能耗的优化分析

7.1　本章引论

    物联网技术的不断发展，推动了其在智能环境监测、军事、智慧医疗等各方面的应用。物联网监测系统的功能框图如图 7-1 所示[164]。其中物联网核心网络主要负责物品识别、数据的采集和传输；物联网监控中心由物联网数据中心和物联网计算平台组成，负责硬件环境、软件操作系统和中间件的部署和安装，实现虚拟机灵活快速部署，实现统一数据存储和计算处理分离；应用层用户的各种业务需求，以 Web 服务的方式提供。

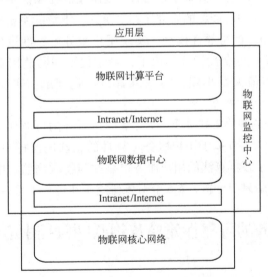

图 7-1　物联网监测系统的功能框图

    应用层用户的服务，细粒度地以虚拟机方式运行在物联网监控中心服务器上，往往会因 CPU 设备失效、硬件失效及人为因素等导致服务失效，使得服务不可靠；另外，用户对不同的服务可靠性要求也不同。例如，应用层用户服务 1

相对应的虚拟机,需在服务器上以 0.99 的可靠度运行 3 天。用户服务 2 相对应的虚拟机,需在服务器上以 0.999 的可靠度运行 7 天。单个虚拟机运行,不能保障服务的高可靠性要求。冗余部署多个虚拟机,势必增加物联网监控中心的能耗。同时,随着物联网监测系统监控的细粒度化,物联网监控中心服务器数量不断增加,在推动行业业务发展的同时,也引发了高能耗、高成本问题,这已引起了监测企业的广泛关注。因此在保障应用层用户服务可靠性的前提下,最小化监控中心能耗,构建可靠、绿色、节能的物联网监测系统,正在成为人们关注的焦点。

在满足用户服务可靠性的前提下,最小化监控中心能耗,可抽象成一个多维装箱问题。该问题已被证明是 NP-hard 问题,一般采用近似算法、线性规划方法和元启发式算法求解[165]。经典的离散装箱近似算法有改进的首次适应降序算法(FFD)和改进的最佳适应降序算法(best fit descreasing,BFD)等,由于近似算法是基于贪心算法的,往往会陷入局部最优;线性规划方法时间复杂度呈指数增长;元启发式算法是根据一定的规则构造候选解空间,在迭代的过程中以一定的概率接受次优解,可以跳出局部最优[166]。常见的元启发式算法有:遗传算法、模拟退火算法、蚁群算法和禁忌搜索算法等。

以往研究[167-168],主要从降低能耗的角度出发。在保证用户服务可靠性的同时,降低物联网监控中心能耗的研究还相对匮乏。本章的主要贡献如下:①建立基于 Markov 用户服务的可靠性模型,实现用户服务可靠性量化分析;②提出了一种应用层用户服务可靠性指标约束下,最小化物联网监控中心能耗的优化模型;③基于改进的最大最小蚁群算法求解该优化问题,实现监控中心能耗最小化。

本章余下部分的内容安排如下:7.2 节用户服务的可靠性建模及及物联网监控中心的总能耗;7.3 节基于用户服务可靠性的物联网监控中心能耗优化模型;7.4 节基于最大最小蚁群算法的用户服务可靠性与物联网监控中心能耗优化问题求解;7.5 节实验结果与分析;7.6 节对该研究工作进行了总结。

7.2　用户服务的可靠性建模及物联网监控中心的总能耗

7.2.1　用户服务的可靠性建模

1. 用户服务的可靠性定义

用户服务的可靠性是指物联网监测系统在一个特定时间内能够以 Web 服务的方式持续向应用层用户提供服务的概率,侧重分析用户服务正常运行的持续性。

2. 基于马尔可夫模型应用层用户服务的可靠性建模

用户对不同服务的可靠性要求不同，则需要部署的虚拟机的冗余个数也不同。下面构建基于马尔可夫应用层用户服务的可靠性模型，并作以下的假设：

（1）用户服务对应的虚拟机是可修复的；

（2）用户服务对应的虚拟机寿命独立同分布，服从参数为 λ 的指数分布；

（3）用户服务对应的虚拟机故障后的修理时间分布，服从参数为 μ 的指数分布；

（4）用户对应第 i 类服务的可靠性需求为 R_i；

（5）为保障用户第 i 类服务的可靠性满足 R_i，需冗余部署的虚拟机个数为 l_i。

下面构建基于马尔可夫应用层用户服务对应的虚拟机状态转移图，如图 7-2 所示。该马尔可夫过程具有状态集 $\{0,1,2,\cdots,l_i-1,\ l_i\}$，状态 $0,1,2,\cdots,l_i-1$ 都是瞬态，分别表示用户服务对应的虚拟机有 0，1，2，$\cdots$，l_i-1 个失效的状态；l_i 状态是吸收态，表示对应的 l_i 个虚拟机全部失效的状态，此时用户的服务失效。假设马尔可夫过程的初始概率为 $(\boldsymbol{\pi},\pi_{l_i})$，其中 $\boldsymbol{\pi}=(\pi_0,\pi_1,\cdots,\pi_{l_i-1})$，且满足 $\boldsymbol{\pi}e+\pi_{l_i}=1$，$e$ 为元素均为 1 的列向量。

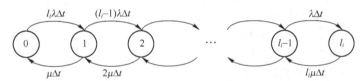

图 7-2　基于马尔可夫应用层用户服务对应的虚拟机状态转移图

求解用户服务的可靠性，首先需要求解连续时间马尔可夫链（continuous-time Markov chain，CTMC）的稳态概率分布。根据 CTMC 模型中用户服务对应的虚拟机失效速率 λ 和修复速率 μ，可得概率密度矩阵：

$$\boldsymbol{Q}=[q_{i,j}],\quad(0\leqslant i,j\leqslant l_i)\tag{7-1}$$

其中，矩阵的元素 $q_{i,j}$ 可以通过求解下列方程组得到，

$$\begin{cases}q_{i,i+1}=(l_i-i)\lambda, & i=0,1,\cdots,l_i-1,\\ q_{i,i-1}=i\mu, & i=1,2,\cdots,l_i-1,\\ q_{i,i}=-((l_i-i)\lambda+i\mu), & i=1,2,\cdots,l_i-1,\\ q_{i,j}=0, & \text{其他}\end{cases}\tag{7-2}$$

并且矩阵 $\boldsymbol{Q}$ 可写成下列分块形式：

$$\boldsymbol{Q}=\begin{bmatrix}\boldsymbol{T} & \boldsymbol{t}\\ \boldsymbol{0} & 0\end{bmatrix}$$

其中，T 是一个 $(l_i \times l_i)$ 的矩阵，$T_{ij} \geq 0 (i \neq j, i,j = 1, \cdots, l_i-1)$，表示从瞬态 i 至瞬态 j 的转移率；t 是 $(l_i \times 1)$ 的矩阵，表示从瞬态 i 至吸收态 l_i 的转移率，满足 $Te+t=0$；0 是 $(1 \times l_i)$ 的矩阵。Q 矩阵中各个宏状态所对应的概率组成了稳态概率向量 $\pi(\pi_0, \pi_1, \cdots, \pi_{l_i-1})$，假设 CTMC 的初始状态为 $\pi(1,0,\cdots,0)$，表示用户服务对应的虚拟机都正常工作，不存在虚拟机失效的情况。用 τ 表示用户服务第一次进入吸收态 l_i 的时间，则 $\tau \sim PH(\pi,T)$。

定理 7.1 已知 $\tau \sim PH(\pi,T)$，则连续时间马尔可夫过程稳态概率分布 π 的累积分布为[9]：

$$P_r(\tau \leq s) = 1 - \pi \exp(T \cdot s)e \tag{7-3}$$

（其中 $s \geq 0$，e 表示 $(l_i \times 1)$ 维全 1 的列向量）

定理 7.1 的证明略，详细过程可参见文献 [169]。

引理 7.1 设用户第 i 类服务的可靠性需求为 R_i，则首次满足条件 $R(s)=1-\pi \exp(T \cdot s)e \geq R_i$ 的 l_i，即为最少应冗余部署的虚拟机个数。

根据引理 7.1，可以判断当前用户服务是否满足可靠性需求，具体流程可由算法 7.1 实现。

算法 7.1 满足用户服务可靠性需求的虚拟机最少冗余个数

INPUT：λ：用户服务对应的虚拟机失效速率
　　　　μ：用户服务对应的虚拟机修复速率
　　　　R_i：用户服务的可靠性需求
　　　　s：用户服务对应的虚拟机运行时间
OUTPUT：l_i：满足用户服务可靠性需求的虚拟机最少冗余个数
1.　　　$l_i=1$；
2.　　　根据式 (7-2) 计算矩阵 T；
3.　　　计算 $R(s)=1-\pi \exp(T*s)e$；
4.　　　while $R(s)<R_i$
5.　　　　$l_i=l_i+1$；
6.　　　　根据式 (7-2) 计算矩阵 T；
7.　　　　计算 $R(s)=1-\pi \exp(T*s)e$；
8.　　　end while
9.　　　return l_i；

7.2.2 物联网监控中心的总能耗

假设物联网监控中心服务器的总数目为 N，服务器正常执行时的功率为

P_{work}，执行的频率为 C，空闲的服务器节点百分比为 u（即空闲服务器数目/服务器的总数目 N），服务器空闲执行时的功耗为 P_{idle}，服务器正常、空闲的服务时间分别为 t_1、t_2，忽略任务在网络中传输时的能耗，则物联网监控中心的总能耗 E_{total} 为：

$$E_{total} = P_{work} NC(1-u) t_1 + P_{idle} Nut_2 \qquad (7-4)$$

在式（7-4）中，P_{work}、N、C、t_1、t_2 和 P_{idle} 均为常数，因此，物联网监控中心总能耗 E_{total} 只与空闲的服务器节点百分比 u 有关；同时，服务器空闲时的功率为满载运行时功率的 50%～60%。因此通过增加物联网监控中心空闲的服务器节点百分比 u，最小化物联网监控中心工作服务器的数目，可实现物联网监控中心总能耗 E_{total} 的最小化[170]。

7.3　基于用户服务可靠性的物联网监控中心能耗优化模型

假设用户的服务集合为 $F = \{F_1, F_2, \cdots, F_m\}$，则 $F_i (i \in [1, m])$ 表示用户第 i 个服务，l_i 表示在保证服务 F_i 可靠性的要求下，需在物联网监控中心冗余部署的虚拟机个数。物联网监控中心服务器的集合为 $S = \{S_1, S_2, \cdots, S_n\}$，则 $S_j (j \in [1, n])$ 表示第 j 个服务器。因此，用户服务对应的虚拟机部署到服务器的问题，可抽象为 0-1 部署问题。假设该部署矩阵为 A，其中行向量表示用户服务 $F_i (i \in [1, m])$，列向量表示服务器 $S_j (j \in [1, n])$，则 A 是一个（$m \times n$）的矩阵。

$$A = \begin{bmatrix} a_{11} & a_{12} & \cdots & a_{1n} \\ a_{21} & a_{22} & \cdots & a_{2n} \\ \vdots & \vdots & & \vdots \\ a_{m1} & a_{m2} & \cdots & a_{mn} \end{bmatrix} \qquad (7-5)$$

其成员元素 a_{ij}，表示用户服务 F_i 对应的虚拟机是否部署在服务器 S_j，即

$$a_{ij} = \begin{cases} 1, & F_i \text{对应的虚拟机部署到服务器 } S_j \\ 0, & \text{其他} \end{cases} \qquad (7-6)$$

同时，当服务器 S_j 被选择（有虚拟机部署）时，表示服务器处于工作状态，$F(S_j) = 1$，否则为 0。则用户服务的可靠性与物联网监控中心能耗的优化问题可描述为：

$$\min \sum_{j=1}^{n} F(S_j) \qquad (7-7)$$

s. t.

$$
\begin{cases}
a_{ij} \in \{0,1\}, (i=1,2,\cdots,m; j=1,2,\cdots,n) & (7-8) \\
\displaystyle\sum_{j=1}^{n} a_{ij} = l_i (i=1,2,\cdots,m) & (7-9) \\
\displaystyle\sum_{i=1}^{m} F_i^{\mathrm{cpu}} a_{ij} \leqslant S_j^{\mathrm{cpu}} & (7-10) \\
\displaystyle\sum_{i=1}^{m} F_i^{\mathrm{mem}} a_{ij} \leqslant S_j^{\mathrm{mem}} & (7-11) \\
\displaystyle\sum_{i=1}^{m} a_{ij} \leqslant 1 (j=1,2,\cdots,n) & (7-12)
\end{cases}
$$

其中，S_j^{cpu}、S_j^{mem} 为服务器 S_j 的 CPU、内存的资源约束，F_i^{cpu}、F_i^{mem} 为用户服务 F_i 对应的虚拟机对服务器 CPU、内存的资源需求。

该优化问题的目标是最小化物联网监控中心工作状态的服务器数目，式 (7-9) 表示为满足应用层用户服务 F_i 的可靠性，服务器上需部署的虚拟机冗余数为 l_i；式 (7-10) 和式 (7-11) 表示为避免服务器过载，需满足的资源约束；式 (7-12) 表示为避免服务器失效，导致用户服务的不可靠，因此在同一个服务器上，至多部署用户同一服务对应的虚拟机个数为 1。

7.4 基于最大最小蚁群算法的优化问题求解

蚁群算法是一种模拟仿生进化算法，本章采用改进的蚁群算法，即最大最小蚁群算法求解该多维装箱问题。在该算法中，每一只蚂蚁接收所有物品（用户服务对应的虚拟机），随机打开一个箱子（监控中心的服务器），下一时刻将哪个物品装入箱子，取决于"物品—箱子"序对间的路径决策概率。最初只是随机地选择，随着对解空间的"了解"及整个蚁群的搜索，"物品—箱子"序对间信息素的浓度和启发式因子值越大的，决策概率值越大，选择的概率就越大，逐渐逼近全局最优解。

7.4.1 路径决策概率

路径决策概率，是指第 k 只蚂蚁将用户服务 F_i 对应的虚拟机部署到服务器 S_j 的概率。

$$
P_{ij}^k(t) = \begin{cases}
\dfrac{[\tau_{ij}(t)]^\alpha [\eta_{ij}(t)]^\beta}{\displaystyle\sum_{s \in N_k(i)} [\tau_{is}(t)]^\alpha [\eta_{is}(t)]^\beta}, & j \in N_k(i) \\
0, & 其他
\end{cases} \tag{7-13}
$$

其中，$\tau_{ij}(t)$ 表示将用户服务 F_i 对应的虚拟机部署到服务器 S_j 序对上的信息素浓度，η_{ij} 是一个启发式因子。其中 α 和 β 分别表示信息素和期望因子的相对重要程度。

7.4.2　资源规范化处理

服务器和虚拟机的资源包括两类：CPU 资源和内存资源。因此需对各类资源进行规范化处理，以获得对应的资源向量，具体处理方法如表 7-1 所示。

表 7-1　各类资源的规范化处理

类　　别	CPU 资源规范化	内存资源规范化	向　　量
服务器总资源	1	1	$(1,1)$
虚拟机需求各类资源	$F_i^{\text{cpu}}/S_j^{\text{cpu}}$	$F_i^{\text{mem}}/S_j^{\text{mem}}$	$(F_i^{\text{cpu}}/S_j^{\text{cpu}},\ F_i^{\text{mem}}/S_j^{\text{mem}})$
服务器已被占用各类资源	$b_j^{\text{cpu}}/S_j^{\text{cpu}}$	$b_j^{\text{mem}}/S_j^{\text{mem}}$	$(b_j^{\text{cpu}}/S_j^{\text{cpu}},\ b_j^{\text{mem}}/S_j^{\text{mem}})$

7.4.3　启发式因子

目标函数是最小化工作服务器的数量，即最大化服务器资源的利用率，则启发式因子为：

$$\eta_{ij} = \frac{1}{\mid C_j - (b_j + f_i) \mid_1} \tag{7-14}$$

式（7-14）中，C_j 表示服务器总容量资源向量为 $(1,\ 1)$，b_j 表示服务器中已部署虚拟机占用资源向量 $(b_j^{\text{cpu}}/S_j^{\text{cpu}},\ b_j^{\text{mem}}/S_j^{\text{mem}})$，$f_i$ 表示将要部署的用户服务 F_i 对应的虚拟机需求的资源向量 $(F_i^{\text{cpu}}/S_j^{\text{cpu}},\ F_i^{\text{mem}}/S_j^{\text{mem}})$，则式（7-14）中，分母部分表示部署用户服务 F_i 对应的虚拟机后，剩余资源向量的 1-范数。分母值越小，表示服务器资源利用率越高，启发式因子值越大。

7.4.4　信息素的更新

$$\tau_{ij} = (1-\rho)\tau_{ij} + \frac{1}{F(S_{\text{best}})} \tag{7-15}$$

$$F(S_{\text{best}}) = \min \sum_{j=1}^{n} F(S_j) \tag{7-16}$$

当所有蚂蚁完成一次用户服务对应的虚拟机部署后，路径上的信息素更新。式（7-15）中，ρ（$0<\rho<1$）表示虚拟机-服务器间信息素的蒸发系数，$(1-\rho)$ 表示信息素的持久性系数；本章采用的最大最小蚁群算法，只有目标函数值取得最小值的虚拟机-服务器序对进行信息素的更新。式（7-16）中，$F(S_{\text{best}})$ 表示

目标函数, 即部署后处于工作状态服务器数目的最小值。为避免搜索的停滞, 在每个解元素上的信息素轨迹量 τ_{ij} 的值域被限制在 $[\tau_{min}, \tau_{max}]$ 区间内。最大信息素阈值取 $\tau_{max} = 3$, 最小信息素阈值 $\tau_{min} = \tau_{max}/g$。

7.4.5　基于最大最小蚁群算法的优化算法

算法 7.2　基于最大最小蚁群算法的用户服务可靠性与物联网监控中心能耗优化算法

INPUT: 初始化虚拟机数 $(m*l_i)$, 服务器数量 (n), 最大最小蚁群法参数集

OUTPUT: S_{pbest} (虚拟机部署到服务器集合的最优解序列)

1. 　Initialize 所有虚拟机-服务器对的信息素初始化为 τ_{max};
2. 　For 循环周期 T = 1 to nCycles
3. 　　For 所有蚂蚁 $k \in (1, nAnts)$
4. 　　　SF = F ;
5. 　　　j = 1 ;
6. 　　　$S_A = \{a_{ij} = 0 \mid i \in [1, m], j \in [1, n]\}$;
7. 　　　　while SF ≠ 空集　do
8. 　　　　$N_j = \{F_i \mid (a_{ij} == 0) \&\& (b_j + f_i <= C_j)\}$;　//表示所有未部署的服务
9. 　　　　　if $N_j \neq$ 空集 then
10. 　　　　　　$P_{ij}^k(t) = \dfrac{[\tau_{ij}]^\alpha [\eta_{ij}]^\beta}{\sum\limits_{s \in N_j} [\tau_{is}]^\alpha [\eta_{is}]^\beta}$;
11. 　　　　　　$a_{ij} = 1$;
12. 　　　　　　$SF = SF - \{F_i\}$;
13. 　　　　　　$b_j = b_j + f_i$;
14. 　　　　　else
15. 　　　　　　j = j + 1 ;
16. 　　　　　end　if
17. 　　　　end　while
18. 　　　end　for
19. 　　　Compare $k \in (1, nAnts)$ 得的 S_A, 计算目标函数 $\sum\limits_{j=1}^{n} F(S_A)$,

　　　$F(S_{best}) = \min \sum\limits_{j=1}^{n} F(S_A)$;
20. 　　if $F(S_{best}) < F(S_{Pbest})$　then
21. 　　　$F(S_{pbest}) = F(S_{best})$;
22. 　　end if

23.　　　　　for all $(F_i, S_j) \in F(S_{best})$　do

24.　　　　　　　$\tau_{ij} = (1-\rho)\tau_{ij} + \dfrac{1}{F(S_{best})}$　;

25.　　　　　　　if $\tau_{ij} > \tau_{max}$　then

26.　　　　　　　　　$\tau_{ij} = \tau_{max}$　;

27.　　　　　　　end if

28.　　　　　　　if $\tau_{ij} < \tau_{min}$　then

29.　　　　　　　　　$\tau_{ij} = \tau_{min}$　;

30.　　　　　　　end if

31.　　　　　end　for

32.　　　end　for

33.　　Return S_{pbest}

7.5　实验结果与分析

为验证最大最小蚁群算法在用户服务可靠性与物联网监控中心能耗优化机制中的有效性，根据文献 [166, 171]，参数选择如表 7-2 所示。

表 7-2　最大最小蚁群算法参数

α	β	ρ	τ_{max}	g	nCycles	nAnts
1	2	0.5	3	2	10	5

本实验中，物联网监控中心的服务器是同构的，服务器的 CPU 配置为 10 000 MIPS，内存配置为 50 GB。考虑到应用层用户服务所需要的虚拟机是动态变化的，在本实验中，用户服务可靠性需求的时间间隔取预先定义的时间段，以周为单位。同时，用户服务的可靠性需求是随机的，则为保证可靠性需求，由公式 (7-3) 可得所需冗余部署的虚拟机个数。假设每一个用户服务所需的虚拟机配置是动态随机的，内存配置为 4~16 GB，CPU 的配置为 1 000~3 000 MIPS。

7.5.1　部署的服务器数量

对本章采取最大最小蚁群算法与改进的 FFD 算法[172]，在应用层用户服务个数、可靠性需求相同、相同服务所需虚拟机资源配置相同的情况下，将所需部署的服务器个数进行比较，结果如图 7-3 所示。

由图 7-3 可知，本章提出的最大最小蚁群算法所需的服务器数量在服务需求相同、相同服务所需虚拟机配置相同的情况下等于或低于改进的 FFD 算法。

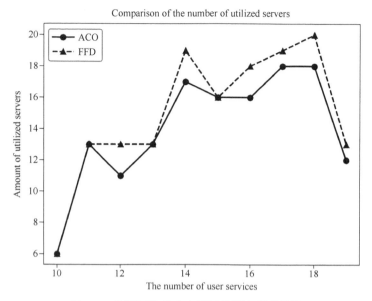

图 7-3　物联网监控中心所需的服务器数量图

7.5.2　物联网监控中心的功耗

　　假设服务器正常工作时的功耗为 150 W，在应用层用户服务数量在 10～20 之间且可靠性需求相同、同时相同服务所需虚拟机资源配置相同的情况下，最大最小蚁群算法与改进的 FFD 算法功耗进行比较，数值仿真的结果如图 7-4 所示。

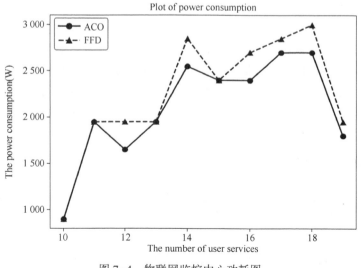

图 7-4　物联网监控中心功耗图

由图 7-4 可知，在用户服务数量为 10 的情况下，服务对应的虚拟机运行时，蚁群优化算法（ant colony optimization，ACO）和改进的 FFD 算法的功耗相同，为 900 W；在用户服务数量为 11 的情况下，服务对应的虚拟机运行时，ACO 和改进的 FFD 算法的功耗相同，为 1 950 W；在用户服务数量为 12 的情况下，服务对应的虚拟机运行时，ACO 算法的功耗为 1 650 W，改进的 FFD 算法的功耗为 1 950 W；在用户服务数量为 13 的情况下，服务对应的虚拟机运行时，ACO 和改进的 FFD 算法的功耗相同，为 1 950 W；在用户服务数量为 14 的情况下，服务对应的虚拟机运行时，ACO 算法的功耗为 2 550 W，改进的 FFD 算法的功耗为 2 850 W；在用户服务数量为 15 的情况下，服务对应的虚拟机运行时，ACO 和改进的 FFD 算法的功耗相同，为 2 400 W；在用户服务数量为 16 的情况下，服务对应的虚拟机运行时，ACO 算法的功耗为 2 400 W，改进的 FFD 算法的功耗为 2 700 W；在用户服务数量为 17 的情况下，服务对应的虚拟机运行时，ACO 算法的功耗为 2 700 W，改进的 FFD 算法的功耗为 2 850 W；在用户服务数量为 18 的情况下，服务对应的虚拟机运行时，ACO 算法的功耗为 2 700 W，改进的 FFD 算法的功耗为 3 000 W；在用户服务数量为 19 的情况下，服务对应的虚拟机运行时，ACO 算法的功耗为 1 800 W，改进的 FFD 算法的功耗为 1 950 W。由图 7-4 可知，采用最大最小蚁群算法能在一定程度上降低物联网监控中心的功耗，且平均功耗降低了 7.14%。

7.6　本章小结

本章提出了一种基于改进的最大最小蚁群算法来求解用户服务可靠性和物联网监控中心能耗的优化问题。首先，构建了基于马尔可夫模型应用层用户服务的可靠性模型；其次，提出了一种应用层用户服务可靠性指标约束下，最小化物联网监控中心能耗的优化模型；最后，将该优化问题抽象成一个多维装箱问题，采用改进的最大最小蚁群算法求解该优化问题。为验证最大最小蚁群算法在用户服务可靠性与物联网监控中心能耗优化机制中的有效性，将该算法与改进的 FFD 算法在应用层用户服务个数、可靠性需求相同、相同服务所需虚拟机资源配置相同的情况下，所需部署的服务器个数和物联网监控中心的功耗进行比较，实验结果表明，改进的最大最小蚁群算法有效减少了物联网监控中心需部署的服务器数量，从而能在一定程度上降低物联网监控中心的功耗，平均功耗降低 7.14%。

第8章 物联网监测系统可靠性评估与应用

8.1 本章引论

物联网监测系统的功能模块和层次很多，其功能属性、影响因素和评估因素是不同的。在物联网监测系统中，每个功能模块具有较大的独立性，并且每个模块和级别由不同的组件组成。某些组件或功能的故障并不代表整个系统的故障。同时，物联网监测系统的结构和运行机制的复杂性，实际条件的局限性以及人们理解的局限性可能会导致某些组件的功能或整个系统的真实状态无法预测或无法准确量化。因此，对于物联网监测系统，采用可靠度、可用度、MTTF 等指标作为系统的可靠性评价已经失去意义。实际上，人们更加关注物联网监测系统在指定条件和时间下可以维持指定功能的能力。因此，在许多情况下，复杂功能层次系统可靠性综合评价也等同于系统的性能评估[173]。文献［36］采用可靠性系统理论与层次分析法（the analytic hierarchy process，AHP），提出了物联网可靠性的综合评估模型，实现了对整个过程和结果的量化。但是，这种方法在定量分析过程中的评估缺乏科学和严格的标准，并且分配的值具有很强的主观性；定性分析的优点是不需要复杂的运算过程，但是可靠性表达精确度不如定量分析方法[174]。

为解决在物联网监测系统可靠性评估过程中，采用单纯的定性分析方法或定量分析法都无法对系统进行准确有效的可靠性评估的问题，本书提出基于层次分析-模糊综合评价法对物联网监测系统的可靠性进行评估。具体地，通过对物联网监测系统案例进行分析总结并查阅相关文献，依据物联网系统的层次结构，构建物联网监测系统可靠性的指标体系；同时将定性和定量两种分析方法结合，采用层次分析-模糊综合评价法对物联网监测系统的可靠性进行评估；最后将成果应用于基于物联网的雾霾重点污染源监测系统的可靠性评估。

本章余下部分的内容安排如下：8.2 节给出计算方法和模型；8.3 节进行实例分析；8.4 节对该研究工作进行了总结。

8.2　计算方法和模型

8.2.1　基于层次分析法的因素权重确定

20 世纪 70 年代初，美国运筹学家 T. L. Saaty 提出了著名的层次分析法（AHP）。它是一种整理和综合人们主观判断的方法，也是一种在将决策相关元素分解为目标、准则、方案层次的基础上，进行的定量和定性分析的方法[175]。应用 AHP 方法解决决策问题时，关键是要将复杂问题按支配关系分解成分组，从而形成有序递阶层次结构中的不同因素，由决策者通过两两比较的方式确定层次结构中各因素的相对重要性，最后综合比较判断的结果，以确定各个因素相对重要性的总顺序[176]。

1. 建立层次结构模型

① AHP 方法是对人的主观判断进行梳理和整合的方法，是将定性分析与定量分析相结合的多目标决策分析方法，可以有效解决多因素复杂系统分析的问题，经常被作为一种确定指标权重的方法加以应用。首先将问题条理化、分层，并给出指标的层次结构图，表示层次结构和相邻因素之间的支配关系。

② 构造两两比较的判断矩阵。判断矩阵表示与下一级因素相关的指标的相对重要性，通过理论分析、实地调查和专家评价，进行两两比较，并采用 $1 \sim 9$ 标度法对各指标层的重要性进行赋值，如表 8-1 所示。

表 8-1　判断矩阵标度及其含义

标　　度	含　　义
1	表示两个元素相比，重要性相同
3	表示两个元素相比，一个因素比另一个因素稍微重要
5	表示两个元素相比，一个因素比另一个因素明显重要
7	表示两个元素相比，一个因素比另一个因素非常重要
9	表示两个元素相比，一个因素比另一个因素绝对重要
2、4、6、8	上述两相邻判断的中值
倒数	因素 i 与 j 比较得判断 a_{ij}，则因素 j 与 i 比较的判断 $a_{ji} = 1/a_{ij}$

构造的判断矩阵如表 8-2 所示。

表 8-2　判断矩阵表

A	E_1	E_2	$\cdots$	E_n
E_1	1	a_{12}	$\cdots$	a_{1n}
E_2	a_{21}	1	$\cdots$	a_{2n}
$\cdots$	$\cdots$	$\cdots$	1	$\cdots$
E_n	a_{n1}	a_{n2}	$\cdots$	1

2. 计算指标权重

采用近似计算方法——和积法实现。设判断矩阵为 n 阶的正互反矩阵 $A = (a_{ij})_{n \times n}$，则用和积法求最大特征根近似值和近似特征向量的计算步骤如下：

① 判断矩阵 A 每一列归一化得新的判断矩阵 $\overline{A} = (\overline{a_{ij}})_{n \times n}$

$$\overline{a_{ij}} = \frac{a_{ij}}{\displaystyle\sum_{k=1}^{n} a_{kj}} \quad i,j = 1,2,\cdots,n \tag{8-1}$$

② 将归一化后的判断矩阵按行相加

$$\overline{W_i} = \sum_{j=1}^{n} \overline{a_{ij}}, \quad i = 1,2,\cdots,n \tag{8-2}$$

③ 对向量 $\overline{W} = [\overline{W_1}, \overline{W_2}, \cdots, \overline{W_n}]^T$ 归一化

$$W_i = \frac{\overline{W_i}}{\displaystyle\sum_{j=1}^{n} \overline{W_j}}, \quad i = 1,2,\cdots,n \tag{8-3}$$

得 $W = [W_1, W_2, \cdots, W_n]^T$，为判断矩阵 A 的近似特征向量，是各元素相对重要性的排序权值。

④ 一致性校验

利用特征向量求得判断矩阵最大特征根 $\lambda_{\max}$

$$\lambda_{\max} = \sum_{i=1}^{n} \frac{(AW)_i}{nW_i} \tag{8-4}$$

由于判断矩阵是根据专家经验给出的主观判断，所以不一致性在所难免，而 $\lambda_{\max}$ 的计算是为了检验判断矩阵是否具有满意的一致性。

一致性指标 CI，用于检验判断矩阵的一致性

$$CI = \frac{\lambda_{\max} - n}{n-1} \tag{8-5}$$

显然，当完全一致时，CI = 0。当不一致时，一般 n 越大，一致性也越差，所以引入了平均随机一致性指标 RI（见表 8-3）和随机一致性比率 $CR = \dfrac{CI}{RI}$。

表 8-3　1~9 阶矩阵的平均随机一致性指标 RI 值

阶　数	1	2	3	4	5	6	7	8	9
RI	0.00	0.00	0.58	0.90	1.12	1.24	1.32	1.41	1.45

在进行一致性判定时，如果 CR<0.1 时，则判断矩阵具有满意的一致性；若 CR≥0.1 时，则认为不一致性不能接受，需要修改判断矩阵重新计算权值向量。

8.2.2　模糊综合评价法模型

模糊综合评价法利用模糊数学中的隶属度理论，将实际问题中的定性评价转化为定量评价。模糊数学的综合分析法是一种多因素决策方法，可以对受许多因素影响的事件或对象进行总体评估，能够较好地让难以量化的、模糊不清的问题得以解决。模糊综合评价法具有系统性强、结果清晰等特点，运用模糊变换原理和最大隶属原则等精确的数字手段处理模糊的评价对象，对蕴含模糊信息的资料做出较为科学合理、符合实际的量化评价。模糊综合评价法的步骤如下。

1. 评价因素集合分类

综合评价往往涉及多个影响因素，按照性质的不同可将不同层次的影响因素分为若干类别：评价因素集合 $U=\{U_1,U_2,\cdots,U_n\}$。每个层级的因素都受到子集合中的因素影响，例如集合 U 中的每个因素都由 j 个次级因素决定，即 $U_i=\{u_{i1},u_{i2},\cdots,u_{im}\}$，$i=1,2,\cdots,n$。

对物联网监测系统案例进行分析总结并查阅相关文献，按照物联网系统的层次结构，物联网系统的可靠性可概括为对信息的可靠感知能力、可靠传输能力以及可靠信息应用、处理的能力。因此，构建的物联网监测系统可靠性的指标体系，主要包括感知层可靠性、传输层可靠性和应用层可靠性，每个一级指标又细分为更具体的若干二级指标，共计 14 个评价因素，具体划分如图 8-1 所示。

2. 建立评语等级指标集

等级指标集指的是模糊综合评价中各种可能出现的结果的集合，并根据具体情况给出各个指标的数值及所属值域。如综合评价结果可能出现 P 个状态，则评语等级指标集可表示为：$V=\{V_1,V_2,\cdots,V_P\}$。每一个等级可对应一个模糊子集。本章物联网监测系统可靠性评估中，V 采用常用的五等级划分方法，$V=($低，较低，中，较高，高$)$。

3. 建立模糊关系矩阵

根据不同层次中评价因素的等级指标进行模糊综合评价，将系统中的每个评价因素进行量化，即确定从单个评价因素来看，被评对象对等级模糊子集的隶属

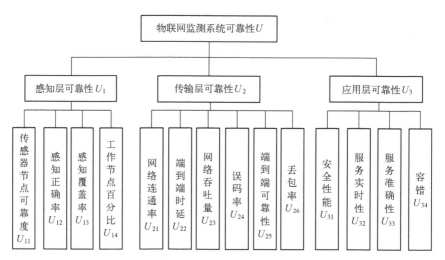

图 8-1　物联网监测系统可靠性指标体系

度，进而得到模糊关系矩阵：

$$\boldsymbol{R}_i = \begin{bmatrix} r_{i11} & r_{i12} & \cdots & r_{i1p} \\ r_{i21} & r_{i22} & \cdots & r_{i2p} \\ \vdots & \vdots & & \vdots \\ r_{im1} & r_{im2} & \cdots & r_{imp} \end{bmatrix}, \quad i = 1, 2, \cdots, n \qquad (8\text{-}6)$$

该模糊关系矩阵中，$r_{ijk}(i=1,2,\cdots,n;j=1,2,\cdots,m;k=1,2,\cdots,p)$ 表示第 i 类中第 j 个评价因素隶属于评语等级指标集 V 中的第 k 个等级模糊子集的隶属度。被评对象在某个评价因素 u_{ij} 方面的表现，是通过模糊向量 $[r_{ij1}, r_{ij2}, \cdots, r_{ijp}]$ 来表现的。

4. 确定评价因素权重集

不同层次中评价因素的权重，描绘的是各因素在综合评价中所起到的作用程度大小，并将这种作用程度转化为对应的权值，从而更加清晰地描绘出各个评价因素对综合评价所起的作用。由基于层次分析法确定各因素的权重。假设第 i 类中第 j 个评价因素 u_{ij} 的权值为 $w_{ij}(i=1,2,\cdots,n;j=1,2,\cdots,m)$，则第 i 类评价因素的权重为 $\boldsymbol{W}_i = (w_{i1}, w_{i2}, \cdots, w_{im})$，$i=1,2,\cdots,n$。

5. 多层次模糊综合评价

对隶属度矩阵中的底层至目标层，以自下而上的方式逐层计算每一层的评判集，并使用适当的合成因子来设置权重，获得目标层指标的评判结果。

（1）二级指标综合评判

二级指标评判集 $\boldsymbol{E}_i$ 可以通过二级指标权重 $\boldsymbol{W}_i$ 和模糊关系矩阵 $\boldsymbol{R}_i$ 进行合成

获得。

$$E_i = W_i R_i = \begin{bmatrix} w_{i1}, w_{i2}, \cdots, w_{im} \end{bmatrix} \begin{bmatrix} r_{i11} & r_{i12} & \cdots & r_{i1p} \\ r_{i21} & r_{i22} & \cdots & r_{i2p} \\ \vdots & \vdots & & \vdots \\ r_{im1} & r_{im2} & \cdots & r_{imp} \end{bmatrix} = \begin{bmatrix} e_{i1}, e_{i2}, \cdots, e_{ip} \end{bmatrix} \quad (8-7)$$

（2）一级指标综合评判

由二级指标评判集 E_i，可得一级指标隶属度矩阵 R。

$$R = \begin{bmatrix} E_1 \\ E_2 \\ \vdots \\ E_n \end{bmatrix} \quad (8-8)$$

一级指标权重集 W 左乘 R，可得一级指标评判集 E。

$$E = WR = \begin{bmatrix} W_1, W_2, \cdots, W_n \end{bmatrix} \begin{bmatrix} E_1 \\ E_2 \\ \vdots \\ E_n \end{bmatrix} \quad (8-9)$$

（3）目标指标综合评判

如果某些层次模型存在多个中间层时，则可以通过自下而上地逐层评判来获得评判集 E。由最大隶属度原则，得出被评对象的评价等级。

8.3　实例分析

以河北省某火力发电厂作为案例，根据实测数据和基础数据，对其基于物联网的雾霾重点污染源监测系统的可靠性进行评价。

8.3.1　权重计算

采用 AHP 法确定图 8-1 中各级指标的权重。通过理论分析、实地调查和专家评价，根据表 8-1 中的标度，对基于物联网的雾霾重点污染源监测系统可靠性的各因素关于目标的相对重要性的排序权值如表 8-4 所示。

表 8-4　基于物联网的雾霾重点污染源监测系统一级指标的权重

U	U_1	U_2	U_3	W_i	CR
U_1	1	2	4	0.558	
U_2	1/2	1	3	0.32	0.016
U_3	1/4	1/3	1	0.122	

同理，分别计算基于物联网雾霾重点污染源监测系统可靠性指标体系中各二级指标对应于相应一级指标的权重如表 8-5、表 8-6 和表 8-7 所示。

表 8-5　感知层可靠性因素层下各因子的权重

U_1	U_{11}	U_{12}	U_{13}	U_{14}	W_i	CR
U_{11}	1	1	2	2	0.32	
U_{12}	1	1	2	3	0.36	0.017
U_{13}	1/2	1/2	1	2	0.19	
U_{14}	1/2	1/3	1/2	1	0.13	

表 8-6　传输层可靠性因素层下各因子的权重

U_2	U_{21}	U_{22}	U_{23}	U_{24}	U_{25}	U_{26}	W_i	CR
U_{21}	1	7	4	3	3	3	0.372 7	
U_{22}	1/7	1	1/4	1/5	1/7	1/4	0.032 1	
U_{23}	1/4	4	1	1/2	1/4	1/2	0.080 7	0.050 5
U_{24}	1/3	5	2	1	1/3	2	0.143 6	
U_{25}	1/3	7	4	3	1	3	0.260 4	
U_{26}	1/3	4	2	1/2	1/3	1	0.110 4	

表 8-7　应用层可靠性因素层下各因子的权重

U_3	U_{31}	U_{32}	U_{33}	U_{34}	W_i	CR
U_{31}	1	1/3	1/2	2	0.151 9	
U_{32}	3	1	2	6	0.489 1	0.003 8
U_{33}	2	1/2	1	4	0.283	
U_{34}	1/2	1/6	1/4	1	0.075 9	

在基于物联网的雾霾重点污染源监测系统可靠性分析中，应用层次分析法，首先确定了该系统中各级指标判断矩阵的特征向量及最大特征根，然后使用一致性指标对判断矩阵进行一致性校验。从表中计算出的结果表明，每级指标判断矩阵中的 CR<0.1，表明该判断矩阵具有令人满意的一致性，认为判断矩阵较理想，

因此，可以采用各级指标的权重值。

8.3.2　基于物联网的雾霾重点污染源监测系统可靠性模糊综合评价

邀请 20 多位熟悉该监测系统的工作人员组成评价专家组，根据物联网监测系统可靠性评价的指标体系检查表进行评语选择（监测系统的评语等级 $V=\{$低，较低，中，较高，高$\}$，在检查表中分别用 A、B、C、D、E 来表示），评价专家组给出评语等级判定结果如表 8-8 所示。

表 8-8　基于物联网的雾霾重点污染源监测系统可靠性评价指标体系检查表

一级指标	二级指标	权重	评语等级				
			A	B	C	D	E
感知层可靠性 U_1（0.558）	传感器节点可靠度 U_{11}	0.32	0	2	6	10	2
	感知正确率 U_{12}	0.36	0	0	4	12	4
	感知覆盖率 U_{13}	0.19	0	0	6	12	2
	工作节点百分比 U_{14}	0.13	0	2	4	10	4
传输层可靠性 U_2（0.32）	网络连通率 U_{21}	0.372 7	0	2	12	6	0
	端到端时延 U_{22}	0.032 1	0	4	10	4	2
	网络吞吐量 U_{23}	0.080 7	0	0	6	8	6
	误码率 U_{24}	0.143 6	0	0	2	12	6
	端到端可靠性 U_{25}	0.260 4	0	0	2	6	12
	丢包率 U_{26}	0.110 4	0	0	2	10	8
应用层可靠性 U_3（0.122）	安全性能 U_{31}	0.151 9	0	0	4	4	12
	服务实时性 U_{32}	0.489 1	0	2	12	4	2
	服务准确性 U_{33}	0.283	0	0	0	4	16
	容错 U_{34}	0.075 9	0	0	2	6	12

由计算所得的二级指标权重 $\boldsymbol{W}_i$ 和隶属度矩阵 $\boldsymbol{R}_i$ 及式（8-7），可得二级指标因素的评判集 $\boldsymbol{E}_i$ 为：

$$\boldsymbol{E}_1 = (0,0.045,0.251,0.555,0.149)$$
$$\boldsymbol{E}_2 = (0,0.043\ 7,0.315\ 3,0.369\ 9,0.270\ 9)$$
$$\boldsymbol{E}_3 = (0,0.048\ 9,0.331\ 4,0.207\ 6,0.411\ 9)$$

由式（8-9）可得，一级指标评判集 $\boldsymbol{E}$ 为：

$$\boldsymbol{E} = \boldsymbol{W} \begin{bmatrix} \boldsymbol{E}_1 \\ \boldsymbol{E}_2 \\ \boldsymbol{E}_3 \end{bmatrix}$$

$$= (0.558, 0.32, 0.122) \begin{bmatrix} 0 & 0.045 & 0.251 & 0.555 & 0.149 \\ 0 & 0.043\ 7 & 0.315\ 3 & 0.369\ 9 & 0.270\ 9 \\ 0 & 0.048\ 9 & 0.331\ 4 & 0.207\ 6 & 0.411\ 9 \end{bmatrix}$$

$$= (0, 0.045\ 1, 0.281\ 4, 0.453\ 4, 0.220\ 1)$$

即该基于物联网的雾霾重点污染源监测系统可靠性模糊综合评判结果为：

$$V = \begin{pmatrix} 低 & 较低 & 中 & 较高 & 高 \\ 0 & 0.045\ 1 & 0.281\ 4 & 0.453\ 4 & 0.220\ 1 \end{pmatrix}$$

由最大隶属度原则，得出基于物联网的雾霾重点污染源监测系统可靠性的评价等级为较高，能够保证雾霾重点污染源的可靠监测。

8.4　本章小结

本章采用层次分析-模糊综合评判法构建物联网监测系统的可靠性评价模型。指标因素权重确定通过层次分析法获得，既利用了专家有价值的经验，又有数学理论作为基础，有很强的客观性和逻辑性；同时引入模糊数学理论，更为有效地解决物联网监测系统可靠性问题中的不确定性。对河北省某火力发电厂现有的基于物联网的雾霾重点污染源监测系统进行了案例研究，并使用评估指标体系评估了其可靠性。案例分析表明，所提出的计算方法和模型能有效地评估物联网监测系统的可靠性。通过以上研究工作，建立了一套物联网监测系统可靠性评估体系，可以用来指导物联网系统规划、布局和建设阶段的可靠性预测；可以为提高系统整体的可靠性提供参考，同时为网络可靠性管理提供指导。

第9章 结 论

　　物联网技术在全球范围内得到广泛的关注和认可，已成为各国构建经济社会发展新模式和重塑国家长期竞争力的先导领域。随着不同类型的物联网示范性应用在各行各业的普及和逐步成熟，物联网的发展开启了万物互联的新时代。传统产业的智能化升级，加速了物联网产业的突破创新，使全球物联网产业发展进入了新的阶段。随着较大规模物联网应用示范工程的启动，和其应用领域的不断拓展，物联网系统的可靠性问题已成为一个不可回避的话题，可靠性也面临新的挑战。相较于传统系统，物联网系统的可靠性更复杂，应用场景更是千差万别。对此，研究者们依据物联网体系架构，提出了感知层、网络层和应用层的相关容错机制来提高物联网监测系统的可靠性；另外，为确保物联网监测系统中感知数据的质量及其可靠性，研究者们提出了基于特征的推理机制和基于认知模型的监督机制，以及基于统计分析方法、簇机制、主成分分析法和投票法的无监督机制实现。虽然物联网系统可靠性研究已有一些成果，但整体来看对物联网系统可靠性研究目前还处于刚刚起步阶段。因此，结合物联网系统特定的应用场景及部署特点，对物联网系统的可靠性进行研究，构建物联网系统的可靠性保障机制及策略具有非常重要的理论和现实意义。

　　针对物联网监测系统可靠的拓扑结构方面，研究者们也给出了一系列的研究成果，提出通过节点的冗余部署优化可靠性。冗余部署会增加部署的成本，在保证可靠性的情况下，需考虑成本优化。因此，本章以基于物联网的雾霾重点污染源监测系统为背景，针对物联网监测系统因人为故意干扰和破坏、环境因素造成节点故障及存在监测节点少、独立性差等问题，提出了一种内外验证模块化的物联网监测可靠拓扑部署方案，既能够有效保障监测系统数据获取的可靠性，又充分考虑了成本的优化。

　　针对监测系统中关键节点容错能力差，感知节点因由电池供电能量有限，以及因人为因素的干扰导致节点失效的问题，研究者也给出了一系列研究成果，但研究内容大多提出最多使用两个备份簇头节点，或者是加入相邻的簇头节点，以及采用选举或监控的方式。虽然给出的簇头节点容错机制能发挥作用，但在能耗、恢复时延及丢包率等性能指标上仍有较大的改进空间和提升空间。在有效降低恢复时延、保证物联网监测数据获取不间断的情况下，实现可靠性和能耗之间的优化，就需要对关键簇头节点提出有效的容错机制。

在物联网监测系统中，感知数据的质量和数据的可靠性是保障物联网监测系统可靠性的基础，是制定科学决策和提供服务的基础。因此如何确保物联网监测数据质量和数据的可靠性很重要。由于物联网监测系统应用场景的开放性，经常面临软件故障、人为故意干扰和破坏等因素造成的系统中断、感知数据出现缺失或异常等情形。因此，就需要有效的模型对数据进行可靠性方面的修正。

随着物联网规模的扩大，物联网系统和网络发生故障的概率显著增加。这些错误会导致物联网数据质量变差，并可能导致错误的决策结果。数据代表了连接网络世界和物理世界的桥梁。物联网程序应用在不同领域，大多数新系统和服务严重依赖物联网设备收集的数据，确保数据的质量对物联网提供服务是至关重要的。因此，就需要有效的模型对物联网数据中的离群值进行检测。

在物联网监测系统中，应用层用户的服务细粒度地以虚拟机方式运行在物联网监控中心服务器上，往往会因 CPU 设备失效、硬件失效以及人为因素等而失效，使得服务不可靠。另外，用户对不同的服务可靠性要求也不同。单个虚拟机运行不能保障服务的高可靠性要求。冗余部署多个虚拟机，势必增加物联网监控中心的能耗。因此，就需要对应用层用户服务的可靠性和物联网监控中心能耗之间的优化问题进行建模和求解。

在早期规划和设计阶段，缺乏对物联网应用可靠性进行评估的工具，使得系统设计者无法优化其决策，从而将此类故障对网络设备的影响降到最低。可靠性评估可以在物联网监测系统规划、布局、建设和后期的网络可靠性管理中提供指导。因此有必要对物联网监测系统进行可靠性评估。

随着物联网产业的发展和应用的普及，由此带来的可靠性问题也受到了人们的关注，因此如何保证物联网系统的可靠，成为当下研究的热点。为了确保物联网监测系统的可靠性，需要根据特定的应用场景，采取必要的机制和策略，包括容错、感知数据的质量和可靠性等方面的措施，并对系统的可靠性进行评估。

9.1 本书的主要贡献与结论

本书主要以基于物联网的雾霾重点污染源监测系统为背景，以实现物联网监测系统的可靠性分析和优化为研究目标，以感知数据为基础，设计可靠的拓扑结构，研究关键节点的容错机制，并对感知数据的可靠性进行了反演和修正，研究物联网数据中离群值的检测方法，对应用层用户服务的可靠性和物联网监控中心的能耗进行优化分析，对物联网监测系统的可靠性进行了评估，取得了以下成果。

（1）提出一种内外验证模块化的物联网监测可靠拓扑部署方案

物联网技术很适合在环境、军事、农业等领域进行远程实时监测应用。监测系统拓扑结构的可靠性是保障远程监测系统可靠的一个重要方面，以雾霾重点污染源远程监测的需求为应用背景，为优化可靠性，在节点部署中提出了一种内外验证模块化的物联网监测可靠拓扑部署方案。在监测区域内部，提出了以污染源重心为圆心的均匀分簇的模块化节点部署方法，并给出了监测区域面积、监测节点通信半径和拓扑结构总层数、监测关键节点个数等各参数相互关系及量化的计算公式；随着节点的故障、监测系统的中断，降低了物联网系统提供服务的质量。在保障监测系统可靠性的情况下，为实现成本优化，在监测区域外围提出了以矩形为基本监测区域，以部署节点最少为目标的一重等腰三角形覆盖的部署方案，并运用公式推导出传感器节点的感知半径与矩形区域宽度、相邻两节点邻距离量化计算公式；可靠性是物联网应用中的一个重要指标，以可靠性框图模型给出了多级簇结构的可靠性量化计算公式。针对不稳定的远程传输主干系统，给出了不同冗余方式下可靠度、系统失效前的平均工作时间的量化分析，实现了物联网远程监测系统拓扑和传输的可靠性。对实验结果进行了比较和分析。同时，所得出的相关理论对物联网远程监测系统在保障服务可靠性方面具有重要的理论和实际应用参考价值。

（2）提出了一种簇头节点静态备份与动态定时监控相结合的容错机制，该机制可保证物联网监测系统数据获取的可靠性

在物联网监测系统中，通过部署无线传感器网络获取数据来满足物联网的特定应用。分簇的路由协议能有效维持传感器节点消耗的能量。为降低节点消耗的能量，大多采取分簇的路由协议。在该路由协议中，簇头起着非常重要的作用。一种有效的簇头节点容错机制可保证物联网监测系统获取数据的可靠性。本书提出了一种簇头节点静态备份与动态定时监控相结合的可靠性保障机制，以实现物联网监测系统数据获取的可靠性和能耗之间的优化。构建基于马尔可夫模型的簇头节点可靠性模型，在给定可靠性需求下，可求得所需簇头节点静态备份的个数；分析数据结构和容错机制；量化分析该机制下能耗和恢复时延。通过实验仿真，将提出的簇头节点静态备份与动态定时监控相结合的可靠性保障机制与其他参考文献中的机制在网络消耗的总能量、死亡节点数，吞吐量及丢包率等方面进行比较。实验结果表明，提出的机制的性能优于已有的容错机制模型。本研究对物联网监测系统中可靠的数据采集具有重要的理论和实际应用参考价值。

（3）提出一种多属性条件下物联网监测数据的可靠性反演与修正机制

在基于物联网的雾霾重点污染源监测中会出现系统中断或监测数据异常的情况。针对此问题，在内外验证模块化可靠拓扑结构的基础上，提出了一种基于权重相对熵最小优化模型和贝叶斯网络模型的雾霾重点污染源监测数据的可靠性反演与修正模型。对感知源数据，首先构建可用传感器测量的反演指标体系，并对各指标进行规范化处理，转化为标准证据值；其次基于权重相对熵最小优化模型，组合主、客观权重获得最优权重，从而以量化的方式给出了污染源的污染等级，保证了反演结果的可靠性和准确性；然后根据污染源监测数据的总先验概率，导致发生的各个分属性先验概率、联合概率分布及其条件概率，实现了雾霾重点污染源监测数据可靠性的反演与修正；最后通过实例验证了所提算法的有效性。理论分析和系统测试表明，该方法具有较高的精度。

（4）提出了一种基于 MARS 模型和概率规划的多变量离群值检测方法

在物联网系统中，数据的收集来自部署的智能物品。数据是制定科学决策和提供服务的基础。如果数据的质量差，则决策可能不合理。数据质量是获得用户参与和接受物联网服务的关键。为了提高物联网数据质量，提出了一种基于 MARS 模型和概率规划的多变量离群值检测方法。该方法能够将多个变量结合起来，通过一个模型来检测离群值。首先创建一个多元自适应回归样条模型来产生研究化的残差，然后将残差作为输入，采用概率规划方法，建立基于全贝叶斯推理的一般单变量离群点检测模型。实验结果表明，概率规划模型能检测出更准确的离群点，并且该模型提供了具有可信区间的概率分布。

（5）提出了一种基于用户服务可靠性与物联网监控中心能耗之间的优化模型

在绿色物联网的大背景下，应用层用户越来越多的需求以服务的形式呈现，在保障服务的可靠性的同时，降低物联网监控中心的能耗显得尤为重要。因此，提出最大最小蚁群算法用于有效求解用户服务可靠性与物联网监控中心能耗优化问题。首先，基于马尔可夫链对应用层用户的服务可靠性进行建模，给出量化的可靠度性能指标；其次，建立用户服务可靠性与物联网监控中心能耗之间的优化模型；最后，通过改进的最大最小蚁群算法求解该优化问题。实验结果表明，相比于改进的 FFD 算法，最大最小蚁群算法在保证应用层用户服务可靠性的同时，能有效降低物联网监控中心的平均功耗。

（6）物联网监测系统可靠性评估与应用

随着物联网技术在监测行业中的广泛应用，系统的可靠性分析备受重视。单纯的定性分析方法或定量分析法都无法对复杂的物联网监测系统的可靠性进行准确有效评估。本书通过案例分析总结并查阅相关文献，依据物联网系统的层次结构，构建了物联网监测系统可靠性的指标体系；结合传统的定性和定量分析方法各自的优点，采用层次分析-模糊综合评判法对物联网监测系统的可靠性进行综合评估。应用层次分析法确定指标因素权重，利用模糊综合评价法进行多层次综合评判。运用上述计算方法和模型，对河北省某火力发电厂现有的基于物联网的雾霾重点污染源监测系统的可靠性进行了分析评估。案例分析表明，该计算方法和模型能有效评估物联网监测系统的可靠性。

本书的研究成果为提高基于物联网的雾霾重点污染源监测系统的拓扑可靠性、远程传输的可靠性、数据获取的可靠性，以及数据的质量和可靠性分析及优化奠定坚实的理论基础，相应的研究成果已应用在有关的科技成果转化项目中，并在实际环境中搭建了监测系统，其优点在于可保证污染源及其周边的远程监测的真实性和可靠性，为防治雾霾污染奠定了坚实的基础，为提高物联网在雾霾重点污染源监测中的作用积累丰富的实践经验，具有重要的科学价值和现实的社会经济效益。

9.2 进一步的工作

随着物联网应用的进一步拓展和物联网产业的发展，物联网应用所带来的可靠性问题必将呈现出更多的形式，而可靠获取感知数据和保障数据的可靠性作为物联网一个重要内容，在物联网可靠性问题的解决中会一直发挥作用，当然也必然会引入一些新的影响因素，为物联网的可靠性提供更好保障。所以，在未来的研究工作中，将会在以下几个方面开展研究工作。

（1）由于物联网监测系统应用场景的开放性，使得物联网监测系统中的传感器节点更容易失效，引发物联网监测系统的不可靠。因此，研究物联网监测系统可靠部署的多目标优化，也会是物联网的一个重要研究方向。在物联网中，节点的部署本质上是一个多目标优化问题。在此方向上充分考虑部署的成本、能耗、覆盖度、连通率及可靠性等多个性能指标之间的折中，将是未来研究的重点。

（2）在物联网监测系统中，感知数据的获取，在基于多跳的层次路由协议中，数据的可靠获取不仅依赖簇头节点的可靠性，而且还取决于簇中感知节点的可靠性。因此，研究物联网监测系统中感知节点的容错机制，保障可靠性也是一个重要研究方向。在此方向可以充分考虑感知节点的优化部署，以及在感知节点故障的情况下，如何实现故障感知节点的检错，以及通过动态自适应的路由调整或簇调整实现感知节点故障的恢复，实现物联网监测系统数据获取的可靠性。

（3）随着物联网及智能终端设备的发展，虽然各种应用程序给人们提供了实时、低时延的服务，使生活智慧、智能，但是也给物联网系统的周边设备带来了处理巨大数据的挑战。分散的边缘计算将边缘网关或设备的智能、处理能力和通信操作直接驱动到设备本身。在不考虑整个网络拓扑结构的情况下，研究资源有限的边缘设备上基于设备本地信息的高效容错机制，以保证关键的物联网应用程序可靠性，也必然是物联网应用普及和发展过程中必须要解决的问题之一。在物联网中，边缘计算节点在任务到达时，对这些数据进行处理和分析的过程中，如何保障物联网应用程序的可靠性也是未来的一个研究热点。

（4）随着物联网技术在人类日常生活的普及，数据流呈指数级增长。在物联网和连接的实时数据源不断增长的推动下，许多应用程序生成了大量不断发展的关键数据流。数据流是由隐式或显式时间戳伴随和排序的连续、无界的数据记录序列。有效分析、收集数据流的技术之一为离群值检测。数据流上的离群点检测可以有来自不同领域的许多应用，包括欺诈检测、网络入侵检测、环境监测等。在检测高维流数据离群值时，如何在保障检测准确率的前提下，降低算法的时间、成本和能源效率，将是未来研究的重点。

参 考 文 献

[1] YADAV E P, ANKUR E. A survey of growth and opportunity of Internet of things (IoT) in global scenario [J]. International Journal of Innovative Research in Computer and Communication Engineering, 2016, 4 (12): 20664-20671.

[2] FARHAN L, SHUKUR S T, ALISSA A E, et al. A survey on the challenges and opportunities of the Internet of things (IoT) [C]// Eleventh International Conference on Sensing Technology. IEEE, 2017.

[3] BAKER S B, XIANG W, ATKINSON I. Internet of things for smart healthcare: technologies, challenges, and opportunities [J]. IEEE Access, 2017, 5: 26521-26544.

[4] KAUR K. A survey on Internet of things: architecture, applications, and future trends [C]// 2018 First International Conference on Secure Cyber Computing and Communication (ICSCCC). IEEE, 2018: 581-583.

[5] PAUL P V, SARASWATHI R. The Internet of things: a comprehensive survey [C]//2017 International Conference on Computation of Power, Energy Information and Commuincation (ICCPEIC). IEEE, 2017: 421-426.

[6] AL-FUQAHA A, GUIZANI M, MOHAMMADI M, et al. Internet of things: a survey on enabling technologies, protocols, and applications [J]. IEEE Communications Surveys & Tutorials, 2015, 17 (4): 2347-2376.

[7] NALBANDIAN S. A survey on Internet of things: applications and challenges [C]//2015 International Congress on Technology, Communication and Knowledge (ICTCK). IEEE, 2015: 165-169.

[8] GAIKWAD P P, GABHANE J P, GOLAIT S S. A survey based on smart homes system using Internet of things [C]//2015 International Conference on Computation of Power, Energy, Information and Communication (ICCPEIC). IEEE, 2015: 0330-0335.

[9] OJIE E, PEREIRA E. Exploring dependability issues in IoT applications [C]// International Conference on Internet of Things and Cloud Computing (ICC). 2017: 1-5.

[10] MAHANAZ T, DEVARAKONDA S. Dynamic node and fault tolerance in WSN [J]. Center for Embedded Network Sensing, 2008.

[11] GEETA D D, NALINI N, BIRADAR R C. Fault tolerance in wireless sensor network using hand-off and dynamic power adjustment approach [J]. Journal of Network and Computer applications, 2013, 36 (4): 1174-1185.

[12] GEETHA D D, NALINI N, BIRADAR R C. Active node-based fault tolerance in wireless sensor network [C]//2012 Annual IEEE India Conference (INDICON). IEEE, 2012: 404-409.

[13] SMITH J W, LEUNG Y F, SEEKAMP E, et al. Where next for the Internet of things? Information Technology Internet of things [J]. Engineering & technology, 2015, 10 (1): 72-75.

[14] SAARIKKO T, WESTERGREN U H, BLOMQUIST T. The Internet of things: Are you ready for what's coming? [J]. Business horizons, 2017, 60 (5): 667-676.

[15] 中国信息通信研究院. 物联网白皮书 2016 [EB/OL]. https://max.book118.com/html/2018/0804/5210203030001304.shtm.

[16] DEIF D, GADALLAH Y. A comprehensive wireless sensor network reliability metric for critical Internet of things applications [J]. EURASIP Journal on Wireless Communications and Networking, 2017, 2017 (1): 1-18.

[17] 徐勇军, 刘勇, 王峰, 等. 物联网关键技术 [M]. 北京: 电子工业出版社, 2012.

[18] 李维, 冯钢, 刘冬, 等. 物联网系统安全与可靠性测评技术研究 [J]. 计算机技术与发展, 2013, 23 (4): 139-143.

[19] MAHMOUD R, YOUSUF T, ALOUL F, et al. Internet of things (IoT) security: current status, challenges and prospective measures [C]//2015 10th International Conference for Internet Technology and Secured Transactions (ICITST). IEEE, 2015: 336-341.

[20] LEO M, BATTISTI F, CARLI M, et al. A federated architecture approach for Internet of things security [C]//2014 Euro Med Telco Conference (EMTC). IEEE, 2014: 1-5.

[21] KHAN R, KHAN S U, ZAHEER R, et al. Future internet: the Internet of things architecture, possible applications and Key challenges [C]//2012 10th International Conference on Of Information Technology. IEEE, 2012: 257-260.

[22] WU M, LU T J, LING F Y, et al. Research on the architecture of Internet of things [C]//2010 3rd International Conference on Advanced Computer Theory and Engineering (ICACTE). IEEE, 2010, 5: V5-484-V5-487.

[23] AVIZIENIS A, LAPRIE J C, RANDELL B, et al. Basic concepts and taxonomy of dependable and secure computing [J]. IEEE Transactions on Dependable and Secure Computing, 2004, 1 (1): 11-33.

[24] 曾声奎. 系统可靠性分析设计教程 [M]. 北京: 北京航空航天大学出版社, 2000.

[25] 陈殿夏. 桥式网络系统可靠性分析和优化 [D]. 沈阳: 沈阳工业大学, 2005: 12-20.

[26] 马文·老沙德. 系统可靠性理论: 模型、统计方法及应用 [M]. 2 版. 郭强, 王秋芳, 刘树林, 译. 北京: 国防工业出版社, 2010.

[27] AHMED W, HASAN O, PERVEZ U, et al. Reliability modeling and analysis of communication networks [J]. Journal of Network and Computer Applications, 2016, 78: 191-215.

[28] 胡涛, 杨春辉, 杨建军. 多阶段任务系统可靠性与冗余优化设计 [M]. 北京: 国防工业出版社, 2012.

[29] 李维, 苗勇, 汤业伟, 等. 物联网系统可靠性检测与评估技术 [J]. 软件, 2012, 33

（4）：1-4.

[30] 李宏波. 物联网传输及网络可靠性研究 [D]. 成都：电子科技大学，2012.

[31] AHMAD M. Reliability models for the internet of things：a paradigm shift [C]//2014 IEEE International Symposium on Software Reliability Engineering Workshops. IEEE，2014：52-59.

[32] BEHERA R K, REDDY K H K, ROY D S. Reliability modelling of service oriented Internet of Things [C]//2015 4th International Conference on Reliability, Infocom Technologies and Optimization (ICRITO). IEEE，2015：1-6.

[33] MACEDO D, GUEDES L A, SILVA I. A dependability evaluation for Internet of Things incorporating redundancy aspects [C]//Proceedings of the 11th IEEE international conference on networking, sensing and control. IEEE，2014：417-422.

[34] NAJJAR-GHABEL S, YOUSEFI S, FARZINVASH L. Reliable data gathering in the Internet of Things using artificial bee colony [J]. Turkish Journal of Electrical Engineering & Computer Sciences，2018，26（4）：1710-1723.

[35] ZIN T T, TIN P, HAMA H. Reliability and availability measures for Internet of Things consumer world perspectives [C]//2016 IEEE 5th Global Conference on Consumer Electronics. IEEE，2016：1-2.

[36] LI Y F, TIAN L Q. Comprehensive evaluation method of Reliability of Internet of Things [C]// 2014 Ninth International Conference on P2P, Parallel, Grid, Cloud and Internet Computing. IEEE，2014：262-266.

[37] 何明，陈国华，赖海光，等. 物联网感知层移动自组织网可靠性评估方法 [J]. 计算机科学，2012，39（6）：104-106.

[38] FRÜHWIRTH T, KRAMMER L, KASTNER W. Dependability demands and state of the art in the internet of things [C]//2015 IEEE 20th Conference on Emerging Technologies & Factory Automation (ETFA). IEEE，2015：1-4.

[39] KOPETZ H. On the fault hypothesis for a safety-critical real-time system [C]//Automotive Software Workshop. Springer, Berlin, Heidelberg，2004：31-42.

[40] JESUS G, CASIMIRO A, OLIVEIRA A. A survey on data quality for dependable monitoring in wireless sensor networks [J]. Sensors，2017，17（9）：2010.

[41] CHE-ARON Z, AL-KHATEEB W F M, ANWAR F. Enfat-aodv：the fault-tolerant routing protocol for high failure rate wireless sensor networks [C]//2010 2nd International Conference on Future Computer and Communication. IEEE，2010，1：V1-467-V1-471.

[42] HALDER S, MAZUMDAR M, CHANAK P, et al. FTLBS：fault tolerant load balancing scheme in wireless sensor network [J]. Journal of Advances in Computing and Information Technology，2012，176（1）：621-631.

[43] LEE M H, CHOI Y H. Fault detection of wireless sensor networks [J]. Computer Communications，2008，31（14）：3469-3475.

[44] QIU M, MING Z, LI J, et al. Informer homed routing fault tolerance mechanism for wireless sensor networks [J]. Journal of Systems Architecture，2013，59（4-5）：260-270.

[45] EL KORBI I, GHAMRI-DOUDANE Y, JAZI R, et al. Coverage-connectivity based fault toler-ance procedure in wireless sensor networks [C]//2013 9th International Wireless Communica-tions and Mobile Computing Conference (IWCMC). IEEE, 2013: 1540-1545.

[46] 朱晓娟, 孙克雷. 煤矿物联网中自适应 FEC 的丢包恢复研究 [J]. 计算机工程与设计, 2012, 33 (8): 2971-2975.

[47] LAI Y, CHEN H. Energy-efficient fault-tolerant mechanism for clustered wireless sensor net-works [C]//2007 16th International Conference on Computer Communications and Networks. IEEE, 2007: 272-277.

[48] KHAN M Z, MERABTI M, ASKWITH B, et al. A fault-tolerant network management architec-ture for wireless sensor networks [C]//11th Annual PGNet 2010 Conference, At Liverpool John Moores University, UK. 2010.

[49] DUH D R, PEI L S, CHENG V. Distributed fault-tolerant event region detection of wireless sensor networks [J]. Journal of Distributed Sensor Networks, 2013, 35 (3): 1-8.

[50] GUPTA G, YOUNIS M. Fault-tolerant clustering of wireless sensor networks [C]//2003 IEEE Wireless Communications and Networking (WCNC 2003). IEEE, 2003: 1579-1584.

[51] Karim L, Nasser N, Sheltami T. A fault tolerant dynamic clustering protocol of wireless sensor networks [C]//GLOBECOM 2009-2009 IEEE Global Telecommunications Conference. IEEE, 2009: 1-6.

[52] BARI A, JAEKEL A, JIANG J, et al. Design of fault tolerant wireless sensor networks satisfying survivability and lifetime requirements [J]. Computer Communications, 2012, 35 (3): 320-333.

[53] KUMAR R, KUMAR U. A hierarchal cluster framework for wireless sensor network [C]//2012 International Conference on Advances in Computing and Communications. IEEE, 2012: 46-50.

[54] KAUR A, SHARMA T. FTTCP: fault tolerant two-level clustering protocol for WSN [J]. In-ternational Journal Network Security, 2010, 1: 28-33.

[55] AZHARUDDIN M, KUILA P, JANA P K. Energy efficient fault tolerant clustering and routing algorithms for wireless sensor networks [J]. Computers & Electrical Engineering, 2015, 41: 177-190.

[56] KAUR M, GARG P. Improved distributed fault tolerant clustering algorithm for fault tolerance in wsn [C]//2016 International Conference on Micro-Electronics and Telecommunication Engi-neering (ICMETE). IEEE, 2016: 197-201.

[57] CHANG S H, HUANG T S. A fuzzy knowledge-based fault tolerance algorithm in wireless sensor networks [C]//2012 26th International Conference on Advanced Information Networking and Applications Workshops. IEEE, 2012: 891-896.

[58] BRUST M R, TURGUT D, RIBEIRO C H C, et al. Is the clustering coefficient a measure for fault tolerance in wireless sensor networks? [C]//2012 IEEE International Conference on Com-munications (ICC). IEEE, 2012: 183-187.

[59] ELSAYED W M, SABBEH S F, RIAD A M. A distributed fault tolerance mechanism for self-

maintenance of clusters in wireless sensor networks [J]. Arabian Journal for Science and Engineering, 2018, 43 (12): 6891-6907.

[60] EVCIMEN H T, AKRAM V K, DAGDEVIREN O. Performance evaluation of distributed self-stabilizing dominating set algorithms in wireless sensor networks [C]//2018 5th International Conference on Electrical and Electronic Engineering (ICEEE). IEEE, 2018: 428-432.

[61] CHERAGHLOU M N, KHADEM-ZADEH A, HAGHPARAST M. Increasing lifetime and fault tolerance capability in wireless sensor networks by providing a novel management framework [J]. Wireless Personal Communications, 2017, 92 (2): 603-622.

[62] CHERAGHLOU M N, KHADEM-ZADEH A, HAGHPARAST M. EFT: novel fault tolerant management framework for wireless sensor networks [J]. Wireless Personal Communications, 2019, 109 (2): 981-999.

[63] HU S, LI G. Fault-tolerant clustering topology evolution mechanism of wireless sensor networks [J]. IEEE Access, 2018, 6: 28085-28096.

[64] 王出航, 沈玮娜, 胡黄水. 基于分布式模糊控制器的无线传感器网络非均匀分簇算法 [J]. 吉林大学学报. 理学版. 2018. 56 (3): 631-638.

[65] RAJESWARI K, NEDUNCHELIYAN S. Genetic algorithm-based fault tolerant clustering in wireless sensor network [J]. Iet Communications, 2017, 11 (12): 1927-1932.

[66] KAUR T, KUMAR D. Particle swarm optimization-based unequal and fault tolerant clustering protocol for wireless sensor networks [J]. IEEE Sensors Journal, 2018, 18 (11): 4614-4622.

[67] JASSBI S J, MORIDI E. Fault tolerance and energy efficient clustering algorithm in wireless sensor networks: FTEC [J]. Wireless Personal Communications, 2019, 107 (1): 373-391.

[68] SITANAYAH L. Planning the deployment of fault-tolerant wireless sensor networks [D]. Ireland: National University of Ireland, 2013.

[69] REHENA Z, DAS D, ROY S, et al. Handling area fault in multiple-sink wireless sensor networks [C]//2013 3rd IEEE International Advance Computing Conference (IACC). IEEE, 2013: 458-464.

[70] YIN R, BIN LIU, LI Y, et al. Adaptively fault-tolerant topology control algorithm for wireless sensor networks [J]. Journal of China Universities of Posts and Telecommunications, 2012, 19: 13-35.

[71] GEETA D D, NALINI N, BIRADAR R C. Fault tolerance in wireless sensor network using hand-off and dynamic power adjustment approach [J]. Journal of Network and Computer Applications, 2013, 36 (4): 1174-1185.

[72] BHAJANTRI L B, NALINI N. A fault tolerance approach to topology control in distributed sensor networks [C]//2012 IEEE International Conference on Advanced Communication Control and Computing Technologies (ICACCCT). IEEE, 2012: 208-212.

[73] WAGENKNECHT G, ANWANDER M, BROGLE M, et al. Reliable multicast in wireless sensor networks [C]// 7 Gi/itgKuvs Fachgespräch Drahtlose Sensornetze, Berlin, Germany. 2008.

[74] Bryant S. IP fast reroute framework [J]. IETF RFC 5286, 2010, 4 (4): 206-207.

[75] DERU L, DAWANS S, OCAÑA M, et al. Redundant border routers for mission – critical 6lowpan networks [M]//Real – world wireless sensor networks. Springer, Cham, 2014: 195-203.

[76] KEMPF J, ARKKO J, BEHESHTI N, et al. Thoughts on reliability in the Internet of things [C]//Interconnecting smart objects with the Internet workshop. 2011, 1: 1-4.

[77] GUINARD D, TRIFA V, KARNOUSKOS S, et al. Interacting with the soa–based Internet of things: discovery, query, selection, and on–demand provisioning of web services [J]. IEEE transactions on Services Computing, 2010, 3 (3): 223-235.

[78] MOCKFORD K. Web Services Architecture [J]. BT technology journal, 2004, 22 (1): 19-26.

[79] KARKOUCH A, MOUSANNIF H, AL MOATASSIME H, et al. Data quality in internet of things: a state-of-the-art survey [J]. Journal of network and computer applications, 2016, 73 (9): 57-81.

[80] HARTL G, LI B. infer: A bayesian inference approach towards energy efficient data collection in dense sensor networks [C]//25th IEEE International Conference on Distributed Computing Systems (ICDCS'05). IEEE, 2005: 371-380.

[81] JANAKIRAM D, REDDY V A, KUMAR A V U P. Outlier detection in wireless sensor networks using Bayesian belief networks [C]//2006 1st International Conference on Communication Systems Software & Middleware. IEEE, 2006: 1-6.

[82] AHMED M R, HUANG X, SHARMA D. A novel misbehavior evaluation with dempster–shafer theory in wireless sensor networks [C]//Proceedings of the Thirteenth ACM International Symposium on Mobile Ad Hoc Networking and Computing. 2012: 259-260.

[83] HOU L, BERGMANN N W. Induction motor fault diagnosis using industrial wireless sensor networks and dempster–shafer classifier fusion [C]//IECON 2011-37th Annual Conference of the IEEE Industrial Electronics Society. IEEE, 2011: 2992-2997.

[84] ZHU R. Efficient fault–tolerant event query algorithm in distributed wireless sensor networks [J]. International Journal of Distributed Sensor Networks, 2010, 6 (1): 593849.

[85] MOUSTAPHA A I, SELMIC R R. Wireless sensor network modeling using modified recurrent neural networks: application to fault detection [J]. IEEE Transactions on Instrumentation and Measurement, 2008, 57 (5): 981-988.

[86] OBST O. Distributed fault detection in sensor networks using a recurrent neural network [J]. Neural Processing Letters, 2009, 40 (3): 261-273.

[87] SHELL J, COUPLAND S, GOODYER E. Fuzzy data fusion for fault detection in Wireless Sensor Networks [C]// Workshop on Computational Intelligence. IEEE, 2010.

[88] KHAN S A, DAACHI B, DJOUANI K. Application of fuzzy inference systems to detection of faults in wireless sensor networks [J]. Neurocomputing, 2012, 94: 111 – 120.

[89] MANJUNATHA P, VERMA A K, SRIVIDYA A. Multi–sensor data fusion in cluster based wireless sensor networks using fuzzy logic method [C]// IEEE Region 10 & the Third Interna-

tional Conference on Industrial & Information Systems. IEEE, 2008.

［90］ BETTENCOURT L M A, HAGBERG A A, LARKEY L B. Separating the wheat from the chaff: practical anomaly detection schemes in ecological applications of distributed sensor networks ［C］//International Conference on Distributed Computing in Sensor Systems. Springer, Berlin, Heidelberg, 2007: 223-239.

［91］ BRANCH J W, GIANNELLA C, SZYMANSKI B, et al. In-network outlier detection in wireless sensor networks ［J］. Knowledge & Information Systems, 2013, 34 (1): 23-54.

［92］ CHATZIGIANNAKIS V, PAPAVASSILIOU S, GRAMMATIKOU M, et al. Hierarchical anomaly detection in distributed large-scale sensor networks ［J］. Proceedings International Symposium on Computers & Communications, 2006: 761-767.

［93］ LI F, WU J. A probabilistic voting-based filtering scheme in wireless sensor networks ［C］// Proceedings of the International Conference on Wireless Communications and Mobile Computing, IWCMC 2006, Vancouver, British Columbia, Canada, July 3-6, 2006. ACM, 2006.

［94］ ABID A, KAANICHE H, KACHOURI A, et al. Quality of service in wireless sensor networks through a failure-detector with voting mechanism ［C］//International Conference on Computer Applications Technology Iccat. IEEE, 2013.

［95］ ABDOLLAHZADEH S, NAVIMIPOUR N J. Deployment strategies in the wireless sensor network: A comprehensive review ［J］. Computer Communications, 2016, 91 - 92 (oct.1): 1-16.

［96］ 陈力军, 毛莺池, 陈道蓄, 等. 平均度约束的无线传感器网络拓扑控制 ［J］. 计算机学报, 2007, 30 (9): 1544-1550.

［97］ 吴小兵, 陈贵海. 无线传感器网络中节点非均匀分布的能量空洞问题 ［J］. 计算机学报, 2008, 31 (2): 253-261.

［98］ YUN Z, BAI X, XUAN D, et al. Optimal deployment patterns for full coverage and connectivity wireless sensor Networks ［J］. IEEE/ACM Transactions on Networking, 2010, 18 (3): 934-947.

［99］ ZHANG C, BAI X, TENG J, et al. Constructing low-connectivity and full-coverage three dimensional sensor networks ［J］. IEEE Journal on Selected Areas in Communications, 2010, 28 (7): 984-993.

［100］ WANG Y C, HU C C, TSENG Y C. Efficient placement and dispatch of sensors in a wireless sensor network ［J］. IEEE Transactions on Mobile Computing, 2008, 7 (2): 262-274.

［101］ BENATIA M A, SAHNOUN, M'HAMMED, BAUDRY D, et al. Multi-objective WSN deployment using genetic algorithms under cost, coverage, and connectivity constraints ［J］. Wireless Personal Communications, 2017, 94 (4): 2739-2768.

［102］ WANG B, XU H, LIU W, et al. A novel node placement for long belt coverage in wireless networks ［J］. IEEE Transactions on Computers, 2013, 62 (12): 2341-2353.

［103］ WANG B, XU H, LIU W, et al. The optimal node placement for long belt coverage in wireless networks ［J］. IEEE Transactions on Computers, 2015, 64 (2): 587-592.

[104] 方旺盛, 陈耀宇. 矿井巷道 WSNs 等腰三角形节点覆盖模型 [J]. 传感器与微系统, 2014, 33 (3): 30-33.

[105] 田立勤, 林闯, 张琪, 等. 物联网监测拓扑可靠性设计与优化分析 [J]. 软件学报, 2014 (8): 1625-1639.

[106] SILVA I, GUEDES L A, PORTUGAL P, et al. Reliability and availability evaluation of wireless sensor networks for industrial applications [J]. Sensors, 2012, 12 (12): 806-838.

[107] CAI J, SONG X, WANG J, et al. Reliability analysis for chain topology wireless sensor networks with multiple-sending transmission scheme [J]. Eurasip Journal on Wireless Communications & Networking, 2014, 2014 (1): 156.

[108] ZHOU Z, HU P, HAN P, et al. REECP: A reliable protocol with early-warning scheme in wireless sensor networks [C]// International Conference on Wireless Communications, NETWORKING and Mobile Computing. IEEE, 2007: 2474-2478.

[109] 周祖德, 胡鹏, 李方敏. 无线传感器网络分簇通信协议的可靠性方案 [J]. 通信学报, 2018 (5): 114-121.

[110] KOCAKULAK M, BUTUN I. An overview of wireless sensor networks towards Internet of things [C]//2017 IEEE 7th Annual Computing and Communication Workshop and Conference (CCWC). IEEE, 2017: 1-6.

[111] LIN J W, WU Y F. Performance comparisons of fault-tolerant rouging approaches for IoT wireless sensor networks [C]//Proceedings of the 2018 10th International Conference on Machine Learning and Computing. 2018: 295-299.

[112] AFSAR M M, TAYARANI-N M H. Clustering in sensor networks: a literature survey [J]. Journal of Network and Computer Applications, 2014, 46: 198-226.

[113] AFSAR M. A comprehensive fault-tolerant framework for wireless sensor networks [J]. Security and Communication Networks, 2015, 8 (17): 3247-3261.

[114] KAKAMANSHADI G, GUPTA S, SINGH S. A survey on fault tolerance techniques in wireless sensor networks [C]//2015 international conference on green computing and internet of things (ICGCIoT). IEEE, 2015: 168-173.

[115] BANSAL N, SHARMA T P, MISRA M, et al. FTEP: a fault tolerant election protocol for multi-level clustering in homogeneous wireless sensor networks [C]//2008 16th IEEE International Conference on Networks. IEEE, 2008: 1-6.

[116] AZHARUDDIN M, KUILA P, JANA P K. A distributed fault-tolerant clustering algorithm for wireless sensor networks [C]//2013 International conference on advances in computing, communications and informatics (ICACCI). IEEE, 2013: 997-1002.

[117] SALEH I, AGBARIA A, ELTOWEISSY M. In-network fault tolerance in networked sensor systems [C]//Proceedings of the 2006 workshop on Dependability issues in wireless ad hoc networks and sensor networks. 2006: 47-54.

[118] MITRA S, DE SARKAR A, ROY S. A review of fault management system in wireless sensor network [C]//Proceedings of the CUBE International Information Technology Conference.

2012：144-148.

[119] ALRAJEI N, FU H, ZHU Y. A survey on fault tolerance in wireless sensor networks [C]// 2014 American Society for Engineering Education North Central Section Conference (AS-EENCS). IEEE, 2014：1-18.

[120] MITRA S, DAS A. Distributed fault tolerant architecture for wireless sensor network [J]. Informatica, 2017, 41 (1)：47-58.

[121] GÜLER, BERKIN, ÖZKASAP, et al. Efficient checkpointing mechanisms for primary – backup replication on the cloud [J]. Concurrency & Computation Practice & Experience, 2018, 30 (21).

[122] AI Z Y, ZHOU Y T, SONG F. A smart collaborative routing protocol for reliable data diffusion in IoT scenarios [J]. Sensors, 2018, 18 (6)：1926.

[123] IZADI D, ABAWAJY J, GHANAVATI S. An alternative clustering scheme in WSN [J]. IEEE sensors journal, 2015, 15 (7)：4148-4155.

[124] YILMAZ O, DAGDEVIREN O, ERCIYES K. Localization-free and energy-efficient hole by-passing techniques for fault-tolerant sensor networks [J]. Journal of network and computer applications, 2014, 40：164-178.

[125] ARAPOGLU O, AKRAM V K, DAGDEVIREN O. An energy-efficient, self-stabilizing and distributed algorithm for maximal independent set construction in wireless sensor networks [J]. Computer Standards & Interfaces, 2019, 62：32-42.

[126] HUSSAIN E, ZHANG X, CHAO L, et al. Fuzzy based smart selection of cluster head with backup support in wireless sensor network [C]//2012 8th International Conference on Computing and Networking Technology (INC, ICCIS and ICMIC). IEEE, 2012：235-239.

[127] IZADI D, ABAWAJY J, GHANAVATI S. A new energy efficient cluster-head and backup selection scheme in WSN [C]//2013 IEEE 14th International Conference on Information Reuse & Integration (IRI). IEEE, 2013：408-415.

[128] LIU X. Atypical hierarchical routing protocols for wireless sensor networks：a review [J]. IEEE Sensors Journal, 2015, 15 (10)：5372-5383.

[129] MUNIR A, ANTOON J, GORDON-ROSS A. Modeling and analysis of fault detection and fault tolerance in wireless sensor networks [J]. ACM Transactions on Embedded Computing Systems (TECS), 2015, 14 (1)：1-43.

[130] CHOUIKHI S, EL KORBI I, GHAMRI-DOUDANE Y, et al. A survey on fault tolerance in small and large scale wireless sensor networks [J]. Computer Communications, 2015, 69：22-37.

[131] JIANG H, QIAN J, ZHAO J. Cluster head load balanced clustering routing protocol for wireless sensor networks [C]//2009 International Conference on Mechatronics and Automation. IEEE, 2009：4002-4006.

[132] 丁东, 付晓东, 岳昆. 基于贝叶斯网络的在线商品评价质量评估 [J]. 计算机工程与应用, 2017, 53 (2)：21-26.

[133] 李硕豪, 张军. 贝叶斯网络结构学习综述 [J]. 计算机应用研究, 2015, 32 (3): 641-646.

[134] NGUYEN T T, SPEHR J, UHLEMANN M, et al. Learning of lane information reliability for intelligent vehicles [C]//2016 IEEE International Conference on Multisensor Fusion and Integration for Intelligent Systems (MFI). IEEE, 2016: 142-147.

[135] MCCALL J C, WIPF D P, TRIVEDI M M, et al. Lane change intent analysis using robust operators and sparse bayesian learning [J]. IEEE Transactions on Intelligent Transportation Systems, 2007, 8 (3): 431-440.

[136] IBRAHIM W. Accurate and effective algorithm for estimating the reliability of digital combinational circuits [C]//Proceedings of the 46th Annual Simulation Symposium. California: ACM, 2013: 1-8.

[137] WAGNER S. A bayesian network approach to assess and predict software quality using activity-based quality models [J]. Information & Software Technology, 2016, 52 (11): 1230-1241.

[138] 敬瑞星, 卢健康, 赵鹏飞, 等. 基于贝叶斯网络的系统可靠性分析平台 [J]. 计算机工程与应用, 2013, 49 (4): 71-76.

[139] 董豆豆, 冯静, 孙权, 等. 模糊情形下基于贝叶斯网络的可靠性分析方法 [J]. 系统工程学报, 2006 (6): 668-672.

[140] 高学攀, 廖士中. 基于贝叶斯网络的林火概率预测系统设计与实现 [J]. 计算机工程与应用, 2017, 53 (13): 246-251.

[141] 王惠珍. 基于改进灰色系统 GM(1,1) 模型的成本预测 [J]. 统计与决策, 2015 (15): 83-86.

[142] 曹飞飞. 灰色系统理论在粮食产量预测中的应用 [J]. 数学的实践与认识, 2017, 47 (13): 310-312.

[143] 王国良, 崔建岭, 申绪涧, 等. 面向逼真度评估的指标标准化方法研究 [J]. 中国电子科学研究院学报, 2014, 9 (2): 155-160.

[144] 魏存平, 邱菀华, 杨继平. 群决策问题的 REM 集结模型 [J]. 系统工程理论与实践, 1999, 19 (8): 38-41.

[145] LI X M, XU L D. A review of internet of things-resource allocation [J]. IEEE Internet of Things Journal, 2021, 8 (11): 8657-8666.

[146] LIU C, NITSCHKE P, WILLIAMS S, et al. Data quality and the Internet of things [J]. Computing, 2020, 102 (2): 573-599.

[147] ZHANG L, JEONG D, LEE S. Data quality management in the Internet of things [J]. Sensors, 2021, 21 (17): 573-599.

[148] BRONSELAER A, DE M R, DE T G. A Measure-theoretic foundation for data quality [J]. IEEE Transactions on Fuzzy Systems, 2018, 26 (2): 627-639.

[149] GUO H J. Research on web data mining based on topic crawler [J]. Journal of Web Engineering, 2021, 20 (4): 1131-1143.

[150] OLIVEIRA A, GAIO R, BAYLINA P, et al. Data Quality Mining [J]. Sensors, 2019, 04:

361-372.

[151] DWIVEDI R K, RAI A K, KUMAR R. Outlier Detection in Wireless Sensor Networks using Machine Learning Techniques: A Survey [C]// 2020 International Conference on Electrical and Electronics Engineering (ICE3). Gorakhpur: IEEE, 2020.

[152] PAGANELLI F, TURCHI S, GIULI D. A Web of Things Framework for Restful Applications and Its Experimentation in a Smart City [J]. IEEE Systems Journal, 2017, 10 (4): 1412-1423.

[153] OLUWASANYA P. Anomaly detection in wireless sensor networks [J]. International Journal of Distributed Sensor Networks, 2017, 13 (1): 1-14.

[154] GADDAM J. Detecting sensor faults, anomalies and outliers in the internet of things: a survey on the challenges and solutions [J]. Electronics, 2020, 9 (3): 511.

[155] DU H, FANG W, WANG Y. Hephaistos: A fast and distributed outlier detection approach for big mixed attribute data [J]. Intelligent Data Analysis, 2019, 23 (4): 759-778.

[156] MP A, CS A, TK A. Real-time outlier detection and bayesian classification using incremental computations for efficient and scalable stream analytics for iot for manufacturing [J]. Procedia Manufacturing, 2020, 48: 968-979.

[157] ZHOU Z, ZHANG R, ZHU Z. Uncalibrated dynamic visual servoing via multivariate adaptive regression splines and improved incremental extreme learning machine [J]. ISA Transactions, 2019, 92: 928-314.

[158] STEPHEN R S, SENTHAMARAI KK. Detection of outliers in regression model for medical data [J]. International Journal of Medical Research & Health Sciences, 2017, 6 (7): 50-56.

[159] MINGUEZ R, REGUERO BG, LUCENO A, et al. Regression models for outlier identification (hurricanes and typhoons) in wave hindcast databases [J]. Journal of Atmospheric & Oceanic Technology, 2012, 29 (2): 267-285.

[160] CARPENTER B, GELMAN A. Stan: a probabilistic programming language [J]. Journal of Statistical Software, 2017, 76 (1): 1-29.

[161] ROSS SHELDON. A first course in probability [M]. Pearson, 2014: 20-34.

[162] BAO H, GUO Y, ZHANG H, et al. Bayesian analysis method on processing reliability data of high flux engineering test reactor [J]. Reliability Engineering & System Safety, 2020, 199: 658-676.

[163] SAVAGE J. A quick-start introduction to Stan for economists [EB/OL]. Jupyter Notebook Viewer (nbviewer. org).

[164] ZHU C, LEUNG V C M, SHU L, et al. Green internet of things for smart world [J]. IEEE Access, 2015, 3: 2151-2162.

[165] TORDSSON J, MONTERO R S, MORENO-VOZMEDIANO R, et al. Cloud brokering mechanisms for optimized placement of virtual machines across multiple providers [J]. Future Generation Computer Systems, 2011, 28 (2): 358-367.

［166］MALEKLOO M H, KARA N, BARACHI M E. An energy efficient and sla compliant approach for resource allocation and consolidation in cloud computing environments ［J］. Sustainable Computing Informatics & Systems, 2018, 17.

［167］BELOGLAZOV A. Energy-efficient management of virtual machines in data centers for cloud computing ［J］. Department of Computing & Information Systems, 2013.

［168］WANG S, LIU Z, ZHENG Z, et al. Particle swarm optimization for energy-aware virtual machine placement optimization in virtualized data centers ［C］// International Conference on Parallel and Distributed Systems. IEEE, 2014: 102-109.

［169］BLADT M. A review on phase-type distributions and their use in risk theory ［J］. Astin Bulletin, 2005, 35 (1): 145-161.

［170］LIANG H, GANG C, QU M, et al. A cost constrained resource scheduling optimization algorithm for reduction of energy consumption in cloud computing ［J］. Chinese High Technology Letters, 2014.

［171］FELLER E, RILLING L, MORIN C. Energy-aware ant colony based workload placement in clouds ［C］// Ieee/acm International Conference on Grid Computing. IEEE, 2011: 26-33.

［172］CHEN Y, ZHANG P, KONG X, et al. Reliability-aware energy efficiency in web service provision and placement ［C］// IEEE, International Conference on Web Services. IEEE, 2013: 411-418.

［173］何正友. 复杂系统可靠性分析在轨道交通供电系统中的应用 ［M］. 北京: 科学出版社, 2015.

［174］郑瑞娟. 面向认知物联网的自律协同管理机制 ［M］. 北京: 科学出版社, 2017.

［175］邓雪, 李家铭, 曾浩健, 等. 层次分析法权重计算方法分析及其应用研究 ［J］. 数学的实践与认识, 2012, 42 (7): 93-100.

［176］朱建军. 层次分析法的若干问题研究及应用 ［D］. 沈阳: 东北大学, 2005.